日本人の脳と血液型のヒミツ

佐野雄二

たま出版

はじめに

日本人の特殊性や役割が言われはじめてから、すでに随分の歳月が経過しました。その間、日本の文化、言葉、遺伝子、脳など、日本人の特殊性を明らかにする作業は、様々な方向から試みられてきました。しかし、そうした試みは、充分な根拠にもとづいた、全体像を明らかにするものだったでしょうか。

本書は、まさにその試みに挑戦するものです。脳と血液型との対応、地球上における日本の位置、環大西洋から環太平洋時代への転換に伴う役割の変更など、これまでとは異なった斬新な切り口で日本人論を考察していきます。

もちろん、日本だけでなく、世界の代表的な民族・国家についても、その文化的特殊性と歴史上の役割とを明らかにしたいと考えています。

また、こうした考察を通して、先進国はなぜ北半球に多いのか、南極に大陸があって北極に大陸がないのはなぜなのかという疑問や、二十世紀までの世界史において欧米が中心を占めてきたのはなぜかなど、これまでの理論では説明の難しい世界史の傾向についても解き明かしていきます。

ぜひ最後までお読みいただき、人間の不思議、地球の不思議、世界史の不思議を味わっていただければ、筆者としてこれに勝る喜びはありません。

佐野　雄二

平成一九年四月吉日

●日本人の脳と血液型のヒミツ　目次

※本文イラスト　松田睦己
※本書は『全脳地球世紀』（一九九七年四月刊）を大幅に改定・増補し、改題したものです。

第一部

脳と血液型の対応を根本から解き明かす

第一章

脳の働きと血液型は驚くほど一致している

まず、血液型と脳の働きの対応について述べていきたいが、血液型による気質分類についてては、その科学的認知はともかく知識が相当に普及しているので、ここでは、脳の研究の歴史について簡単に振り返っておきたい。

脳の各部位について、それぞれの果たす役割が解明され出したのは十九世紀にさかのぼる。一八六一年、フランスの外科医ポール・ブローカは「タン」としか言葉をしゃべることができない患者を担当し、その患者の死後、脳を解剖した結果、失語症の患者は左脳の前頭葉に著しい損傷があることを報告した。

ブローカは、話を理解することはできても言葉を発することができない患者は、すべて左脳前頭部に損傷があることを突きとめたのである。以来、脳の中の発語に関与する部位は「ブロー

左右脳の役割分担

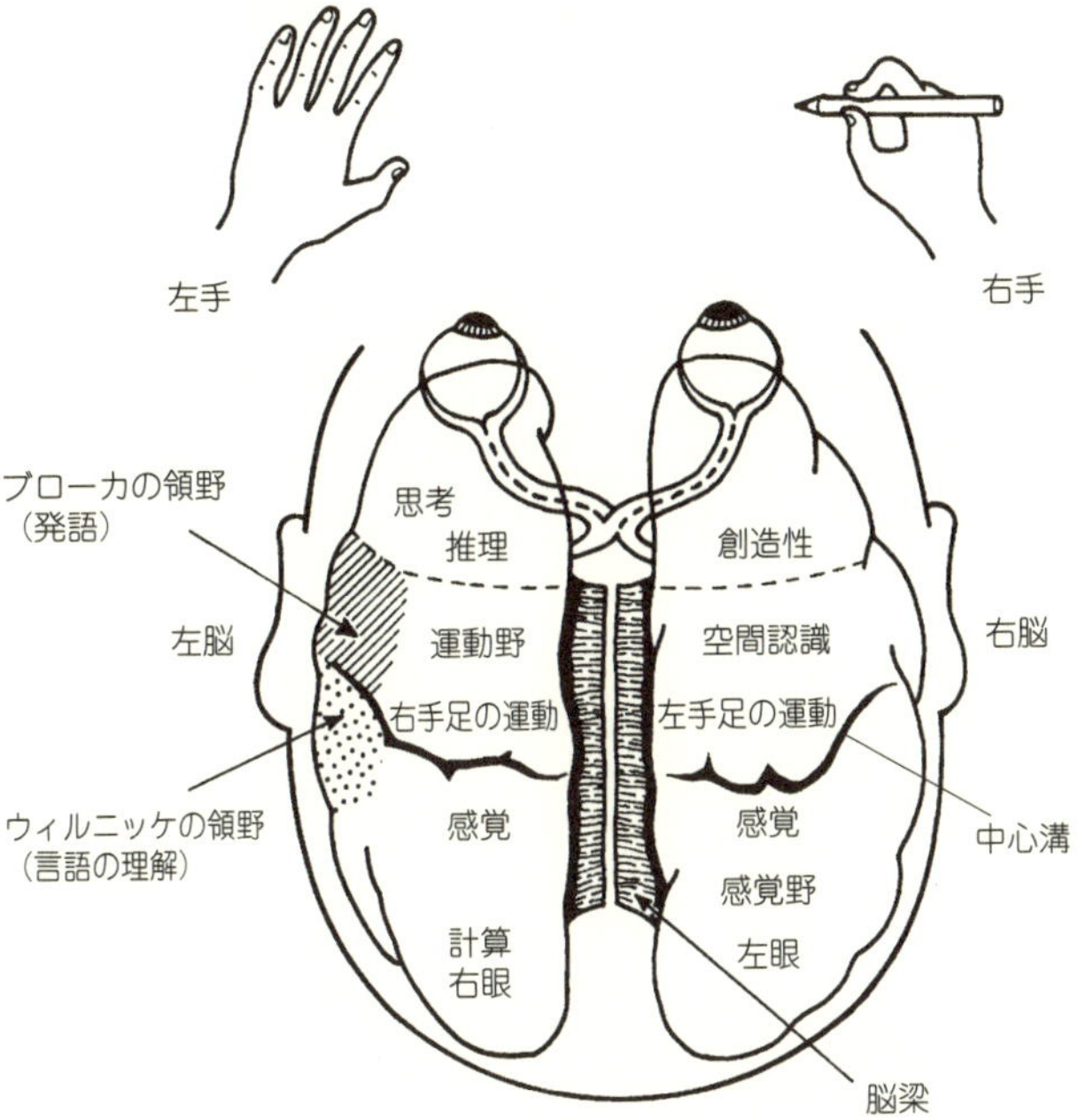

※目、耳、手足から入った刺激は交差して左右両半球に届く

カの領野」と呼ばれるようになった。

その後も脳に関する研究は積み重ねられ、損傷すれば言葉を理解できなくなる「ウィルニッケの領野」、意欲や思考・意志をつかさどる「前頭前野」、第一次視覚野のある「後頭葉」などがよく知られるようになった。

また、左右脳の機能については ロジャー・スペリーの研究が有名で、門下生とともに一九六〇年代から左右脳をつなぐ脳梁を切断した分離脳の実験を行った。テンカン発作を持つ患者の脳梁を切断して左右脳を分離すると発作が治まることから研究がはじまったものだが、この研究により、脳と身体の諸器官が交差し、左脳は右眼、右手足とつながり、右脳は左眼、左手足とつながっていること、分離脳のテストにより、左右脳に機能差のあることが判明した。

大まかにいうと、左脳は分析的・論理的・連続的作業に優れる言語脳であり、右脳は操作空間性や絵画性、直観やパターンの認識に優れるイメージ脳であることが解明されたのである。

B型因子は右脳、A型因子は左脳を優位に働かす

脳の各部位と血液型との対応関係を述べるに当たって、まずB型とA型の気質について触れておこう。

B型の代表的な気質傾向は、次のようになる。

・束縛されるのを嫌うマイペースのタイプ
・行動や表現が型にはまらない
・考え方が実用的で具体的思考が強い
・気分屋的なところがあり、ケジメがない

・判断が早く結論へ飛躍的

A型の場合は、ほぼこの逆である。

・公私の生活を分け堅実安定、秩序形式重視
・周囲を配慮し、丹念緻密
・白黒のケジメにうるさく、型にはまりやすい
・判断慎重で、一歩一歩納得しながら順序を踏み、細かく積み重ねて結論に至る

B型とA型とは、血液型として対照性を持つだけでなく、優位脳の違いにおいても正反対である。このB型とA型の対照性は、驚くほど右脳と左脳の対極性に類似している。

こういうと、血液型の知識のある人は、血液型はＡＢＯ式だけではなく、そのほかにＲｈ式があり、ＭＮ式・ルイス式・ダフィ式など、現在発見されているだけでも多種類の分類法があるので、これらもすべて脳と対応するのか、と疑問に思うかもかもしれない。

もちろん、その可能性を否定するものではないが、実際に両方の血を混ぜるだけで単純明快に凝集反応を起こすのは、Ｒｈ＋－における母子不適合を除き、ＡＢＯ式だけである。それを考えると、ＡＢＯ式による気質分類が説得力を持ったとしても不思議ではないし、脳の各部位

と対応していたとしても何らおかしくはないのである。

それに、ＡＢＯ式の血液型は血液だけの問題ではない。血液型は、一九〇一年、ドイツの医学者ランドスタイナーによって血液の中から発見されたことから「血液型」と命名された経緯がある。しかし実際は、内臓器官、脳神経系、筋肉、骨、爪、髪の毛一本にいたるまで、体の全細胞からＡＢＯ式の「型物質」が発見されている。この「型物質」は、糖類、タンパク質、脂肪類の複合化合物で、Ａ型の人は全身にＡ型物質を持ち、Ｂ型の人は全身にＢ型物質を持ち、その両方を持つ人はＡＢ型、両方とも持たない人はＯ型となる。

血液のみならず、脳の神経細胞に至るまでＡＢＯの型物質が行きわたっているのだから、ＡＢＯ式の血液型気質が脳と対応している可能性は充分にある。

ＡＢＯ式に次いで体内分布の多いのはルイス式の型物質であるが、この存在は胃や十二指腸、食道、唾液腺などに限られ、体質に影響を与えているとしても気質や思考の傾向にまで影響を与えているとは考えにくい。

では、Ａ型、Ｂ型の血液型物質は、具体的に脳のどの部分と優位に対応するのだろうか。

まず、Ａ型は左脳優位で思考することを促すエネルギーであり、Ｂ型は右脳優位で思考することを促すエネルギーであるといえる。

日本人の脳は特殊であるとの研究報告はあるが、とりあえず一般的に証明されている左右脳の機能差は、血液型におけるA型物質、B型物質と大いに関係があるということである。

血液型の基本はO型物質であり、そのO型（H型ともいう）物質にA型物質やB型物質が結びついて血液型を形成している。基本のO型物質は大脳全般と関係し、すべての人の血液の中にO型物質が含まれている。つまり、血液型のB型は右脳を優位に働かすエネルギーであるが、全く左脳が働かないわけではない。すべての人にO型物質が基本にあるのだから、O型物質のエネルギーによって脳全体が働いている。A型もこれと同じで、相対的に優位だという意味である。もちろん、O型物質を除いて考えれば、A因子は左脳、B因子は右脳と結びついていると考えていただいて結構である。

なお、血液型気質についてはデータにもとづいた客観性を示すため、血液型研究に三十年余をかけて五万人以上のデータを収集分析した故能見正比古氏ならびに子息の能見俊賢氏の観察結果を引用した（「　」書きで表示。引用文献名については後述）。それでも足りないところは、筆者の観察結果を付加している。

一方、右脳、左脳の機能分析についてはT・R・ブレークスリー著『右脳革命』（プレジデント社）を中心に、すでに発表されている著作や論文などを参考とさせていただいた。

では、血液型と脳との対応関係を具体的に検証していくことにしよう。

検証1　脳と言語機能

事故などによって右脳を損傷しても、日常の言葉の操作はそれほど変わらない。一方、左脳を損傷した場合、言葉の聴き取り、発語ともに著しい支障をきたすことがある。右脳は時間をかけて訓練すれば具体的な名詞は理解できるが、国民と市民、基本的人権、イデオロギー、形而上学などといった抽象名詞はいつまでたっても理解できない。

この「具体的な名詞は理解できるが、抽象名詞は理解できない」という左脳損傷患者の傾向は、血液型B型人間の特徴と共通している。B型の思考は「実際的、具体的思考の傾向が強く、抽象名詞にはあまり関心を示さない」という傾向が強い。これは、B型の優位脳である右脳が抽象名詞の理解に不得意であるため、「抽象名詞にはあまり関心を示さない」という傾向を示すためで、B型は右脳が優位脳である重要な証拠だといえる。

一方、A型は「言葉にこだわり、自分が一度発言したことは不適切と知ってもなかなかとり消せない」。また、言葉で明確に概念づけられた理念を掲げてその達成に使命を感ずるというのもA型に多く、有名人では元内閣総理大臣小泉純一郎、元民主党代表前原誠司、元社民党党首土井たか子、戦前に憲政の神様といわれた尾崎咢堂などがその典型例である。

それらの人たちの共通した傾向は、政敵を攻撃する時の舌鋒の鋭さと、一度発言したら引かない頑固さである。この特徴は、参議院で否決された「郵政民営化法案」を成立させようと無理やり衆議院を解散し、刺客まで送ったA型小泉純一郎の行動にピタリと当てはまる。

前原誠司も典型例で、「中国脅威論」をぶち上げて党のそれまでの中国認識と大きく異なる考えを示し、批判が噴出しても「一度発言したことは変えない」と頑固さを見せて物議をかもしたことがあった。ともに、他の血液型には見られないA型＝左脳派の代表的行動例だといえる。

検証2　デジタル脳とアナログ脳

左脳はデジタル脳であり、右脳はアナログ脳である。

デジタル脳ということは、コンピューターと同じであり、一つひとつの判断を0か1かで截然と区別して進む。0でも1でもないものに出合うと、判断停止となるから無理にでも分ける。この思考は、直線の組合せでもある。

血液型におけるA型についても「万事にパターン化し、時に決めつけともいえる言動」を見せる。A型は、夫は夫らしく、妻は妻らしくと思考が直線的で、「役割にケジメをつけるのを好む」。これは、左脳＝デジタル脳が優位のためといえる。

一方、B型は「思考・行動が型にはまらず、気分屋的なところがある」とされる。これは、アナログ的な働きをする右脳が優位脳のせいである。アナログ脳はデジタル脳と異なり、直線的

プログラマーにはA型が多い

	本行職員（10〜20代）642人	プログラマー54人	オペレーター30人	パンチャー22人
O型	29.8%	18.5%	20.0%	22.7%
A型	37.5	55.5	46.7	31.8
B型	22.0	20.4	30.0	31.8
AB型	10.7	5.6	3.3	13.6

（日銀全国支店アンケート）

に思考するのではなく、絶えず揺れる波のような思考をする。

世の出来事は、白黒の判断のつかないケースが多くある。B型の多くは、それを正確に表現しようとして、かえってあいまいとなる。それが対象認識だけでなく自らの言動に及べば「ケジメがない」と批判されるが、これもデジタル脳とアナログ脳の優位脳の違いと考えれば納得がいく。

脳の研究によれば、左脳細胞はそれぞれ役割が決まっているという。血液型A型が「万事にパターン化し、時に決めつけとケジメをつけるのを好む」というのも、個々の役割の決まった細胞をもつ左脳を主座とするからだといえる。

検証3　価値肯定的な左脳＝A型、価値否定的な右脳＝B型

左脳は価値肯定的であり、右脳は価値否定的であるという研究報告がある。

価値肯定的とは、とりあえず、どんな意見どんな出来事でも肯定的に扱うということで、価値否定的とはその逆である。

A型に「お説ごもっとも」の肯定タイプが多く、B型にはとりあえず否定反応を示す「アマノジャク」タイプが多いという観察結果がある。全く対照的であるが、これなども左脳＝A型、右脳＝B型の典型例だといえる。

検証4　笑い上戸の左脳＝A型

優位脳が左脳に片寄ると陽気な笑い上戸になる。実際、人が笑っている時の脳波は左脳が活動状態であることを示している。また、左脳の電気的活動量が異常に高いテンカン患者は、特にはっきりした理由がなくともよく笑うというデータもある。いずれも左脳に偏ると笑い上戸というデータばかりである。

一方、A型は「笑い上戸が多く笑い方もうまい」というのは、近隣のA型を見渡してみれば誰しもうなずくことだろう。この点もA型が左脳優位の血液型である有力な証拠である。

検証5　左利きとB型

左利き（右脳優位）についてのボストン大学での研究によると、左利きは、型にはまりやすい右利きよりも情緒的に独立性が強くて付和雷同せず、「私は私だ」という人生態度をより強く貫くことができるという。つまり、左利き＝右脳派は「束縛されるのを嫌うマイペース」だと言えるが、血液型におけるB型も「マイペース」との評価が第一にくるほどで、B型イコール右脳優位説を裏付けている。

これに対し、A型は秩序を重視し、周囲の様子をうかがいながら行動するから「納得ずくで流れやすい」。比較的浅薄な説明でも納得するから、結果、付和雷同しやすいという特徴を持つ。

検証6　血液型にみる作家分類

ノーベル賞学者であるロジャー・スペリー博士の説によると、左脳は論理的・分析的・数学的で、その思考プロセスは直線的・連続的であり、右脳は直観的・連想的・全体的思考にすぐれている。

血液型別によるSF作家・推理作家・歴史作家を見てみると、ビックリするのはA型にSF作家が一人もいないことである。一方、推理作家や歴史作家には日本の大御所ともいえる存在がA型に多く、B型は明らかに劣勢である。

左脳は論理的・分析的で連続思考の脳であるということからすれば、時間的な経過を重視して論理や事実を一つひとつ積み重ねてゆく推理作家にA型が多いのは、A型＝左脳優位の有力な証拠である。

一方、非連続の思考で連想によってイメージを展開していくSF作家にA型が見当たらず、B型が存在するというのは、B型＝右脳優位の証明（O型やAB型のSF作家はとりあえず省略する）といってよい。

血液型と日本のＳＦ・推理・歴史作家

	SF作家	推理作家	歴史作家
O	荒巻義雄 海野十三 高斉　正 田中向二 豊田有恒 半村　良 広瀬　正 星　新一 横田純彌 小松左京	井口泰子 江戸川乱歩 加納一郎 樹下太郎 笹沢左保 島田一男 草野唯雄 高木彬光 戸川昌子 三好　徹 森村誠一 横溝正史	井出孫六 永井路子 南条範夫 村上元三 池波正太郎 尾崎士郎 海音寺湖五郎 五味康佑 沙羅双樹 司馬遼太郎
A		生島治郎 菊村　到 佐野　洋 高原弘吉 多岐川康 仁木悦子 松本清張 結城昌治	柴田錬三郎 陳　舜臣 戸部新十郎 平岩弓枝 山岡荘八 吉川英治 井口朝生 杉本苑子 藤沢周平
B	石川喬司 鏡　明 かんべむさし 筒井康隆 都筑道夫 眉村　卓	斉藤　栄 夏樹静子	山田風太郎
AB	石原藤夫 平井和正 光瀬　龍 山野浩一		長谷川伸

（能見正比古氏、俊賢氏調べ）

精神医学において「無意識の心」を探り出す「自由連想テスト」というのがある。これによれば、右脳はたった一つの単語による刺激から連想を次々とつくり出すのに対し、文字にこだわる左脳は完全な文章や問いになっていないと連想できない。

この左脳の働き具合からして、A型に連想能力を必要とするSF作家がいないのは当然だろう。外国人においても、SF界の巨匠アイザック・アシモフはB型である。

一方、分離された右脳は、時間的ズレのある二つの物事を関連づけたり相関づけるのは不得手というテスト結果が出ている。これでは、右脳優位のB型に時間的な積み上げを重視する偉大な歴史作家が出てこないのは至極当然といえる。

検証7　右脳は直観的・全体的思考に優れている

右脳に電気ショックを与えて麻痺させた患者の例では、窓外の半袖姿の人々や海水浴の風景を見ただけでは「夏かどうか決められない」こともある。いま八月であるという事実から夏だと推定できるが、左脳だけでは夏景色という単純な視覚的印象からの推論はできない。一方、右脳は、ある二、三の断片的事実から直観的に全体を把握する能力にまさる。これは、思考において「結論が先行し、その理由の説明は後」という順序となる。

血液型気質においても「A型は一歩一歩納得し、順序を踏みながら細かく判断を積み重ねていく」のに対し、B型は「判断すばやく、結論へ飛躍的」とある。ここでも左脳優位のA型、右脳優位のB型を強力に裏付けている。

力士の富士額観察例

（%）

	O型	A型	B型	AB型
富士額なし	55.4	33.0	32.7	38.9
やや富士額	18.5	26.1	36.5	11.1
ハッキリ富士額	12.0	25.0	21.2	16.7
ギザギザ	12.0	14.8	9.6	33.3
人数	90人	88人	52人	18人

（能見正比古著「血液型愛情学」角川書店）

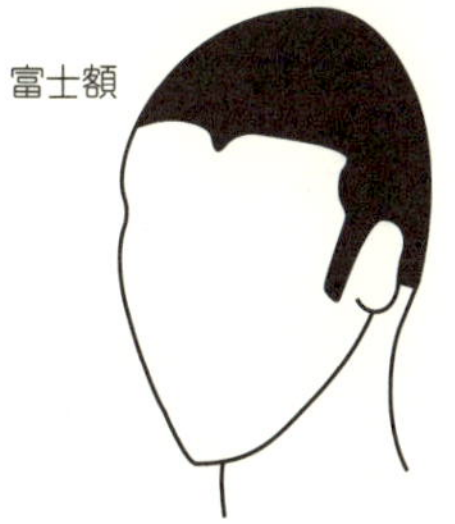

検証8　富士額とA型

さて、今度は毛色の変わったデータを検証してみたい。

それは富士額《びたい》である。富士額とは、額の生え際の中央部が下へとがって突き出た形をいう。昔の日本美人、理想の妻は富士額が条件とされた。髪の生え際のことであるから一般人の調査は難しいが、能見氏は、この富士額の有無を相撲の力士で調査した。力士は大イチョウなどの髪型で額をハッキリと出すからわかりやすい。

それによれば、一九七二年春場所の全力士のうち血液型判明者二四八人を調査した結果、A型とB型に富士額が多かった。「やや富士額」と「ハッキリ富士額」を合わせるとA型は八八人中四五人で五一・一%、B型は五二人中三〇人で五七・七%。これはO型の三〇・五%、AB型の二七・八%と較べて大きな差であるといってよい。

なぜ富士額にA型、B型が多いかというと、B型イコール右脳優位、A型イコール左脳優位で、いずれにしろ左右脳がはっきりと分かれやすいからである。額の生え際は脳でいえば前頭葉だが、その前頭葉さえも、A型・B型は左右脳の分離を反映して明確に分かれやすい。さらに、この区分は大脳を覆う頭蓋骨にも至る。結果、大地でも割れ目に草木が生えるように、人も左右脳の割れ目に髪の毛が生えて、A型とB型の富士額の多さとなるものと思われる。

検証9　分離脳患者とA型

分離脳患者のテストとして、スクリーンの右と左に異なる絵を同時に映し出し、手元の関連した絵を選ばせる実験がある。

左目側には雪景色、右目側にはニワトリのツメを一瞬映し出す。患者は左手でシャベルを、右手でニワトリの絵をつかんだ。どうして左手はシャベルを選んだかと尋ねると、「私はニワトリのツメを見ているからニワトリを選んだ。シャベルはニワトリ小屋をきれいにするものだよ」と答える。

この場合、答えているのは当然左脳で、分離脳患者の左脳は見かけ上の正当性を主張して右脳の成果を横取りするのである。

つまり、左脳は右脳に較べて自己正当化・自己強弁が激しい。もちろん、現実のA型は分離脳ではないが、それでも「理屈屋A型の中には自分と違う意見に出くわすと、一刻も早くその

分離脳患者の実験

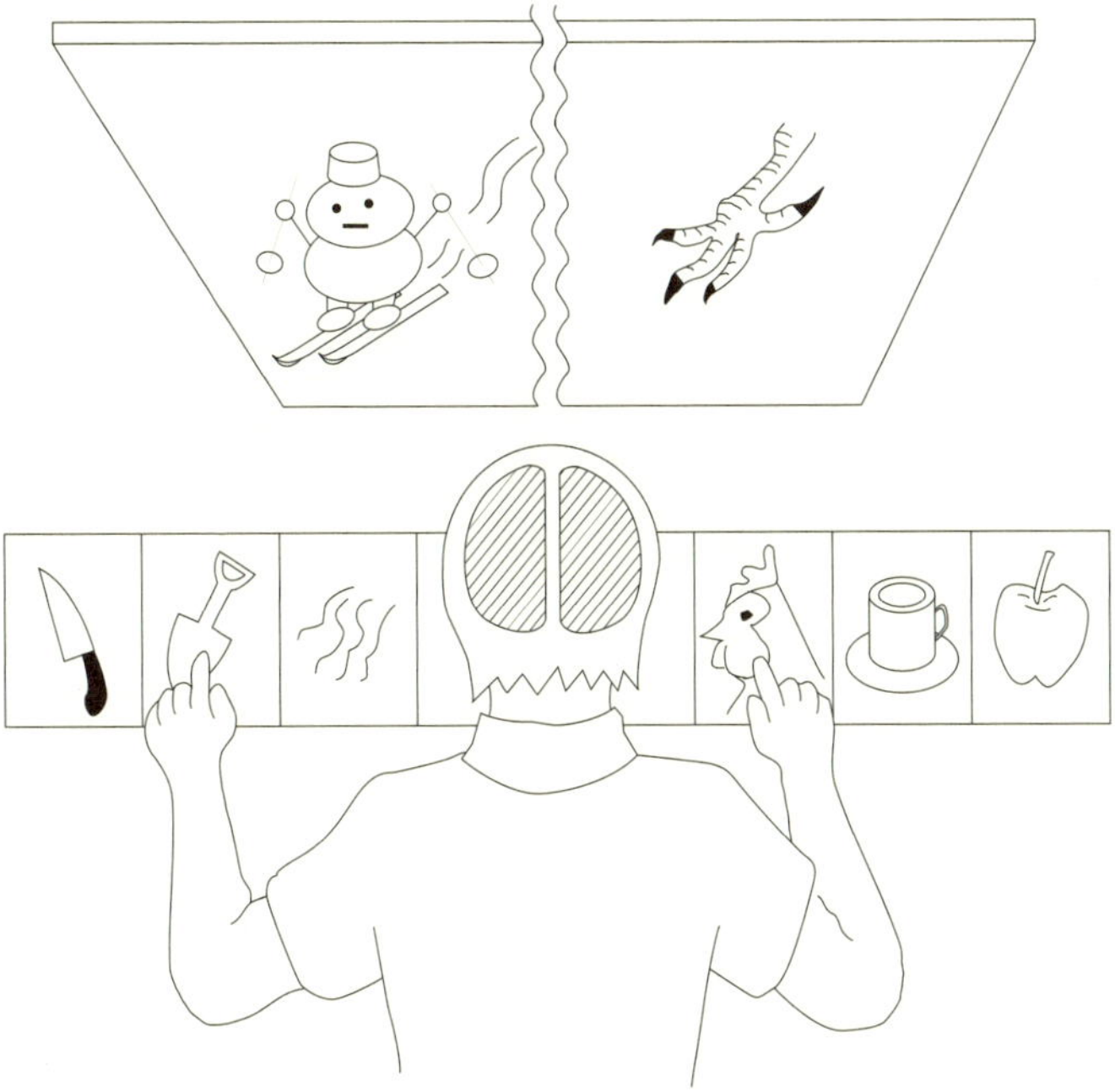

怪しからん意見を目の前から消そうとせき込んで話す人がいる」。

この「自己正当化・自己強弁」の具体例として、ニッポン放送の買収劇で名をはせたライブドアの堀江貴文がいる。彼は証券取引法違反容疑で逮捕・起訴されたが、参謀や部下達が素直に逮捕容疑を認めたのに対し、一切、犯罪行為を認めなかった。その自己正当化・自己強弁ぶりは突出していたが、他の血液型では見られない、A型＝左脳派ならではのものだと言えよう。

半側無視

左半側空間無視患者の絵

また、元民主党代表のA型前原誠司も自己強弁で失敗した例だろう。彼は永田議員による「偽メール」の真偽がすでに仲間内でも疑われていたのに、翌日に控えた党首討論を「楽しみにしていて下さい」と思わせぶりな発言をして自ら墓穴を掘った。率直に非を認めずに自己強弁してしまうA型＝左脳派の性癖が問題を大きくした典型例だったといえよう。

ちなみに、この「左脳＝自己強弁」には、左脳の「半側無視」の傾向が関係しているように思われる。半側無視とは、脳卒中が特に右脳の頭頂葉に起きた場合に見られる傾向で、患者は左視界に入るものをすべて無視する。たとえば、会話をする時には視線を極端に右側に向ける。絵の模写をさせると右半分の絵を描き、左半分は全く無視する。化粧をしたり、ヒゲを剃るのも顔の右側半分だけ。なかには身体の左側には衣服を着ないという患者もいるという。

この半側無視は、右の脳を損傷した患者が左側を無視する例がほとんどである。右脳は左右の視野全体に注意を払うことができるのに対し、左脳は言語全般には強いが視覚に対しては弱く、右側の視野しか注意を向けることができない。この半側無視の特徴と、左脳の自己正当化の傾向が自己強弁をもたらしているのではなかろうか。

左脳は、一歩一歩積み上げて判断するピラミッド型のデジタル回路のような思考をするから、間違っていたとなるとどこまで判断をさかのぼるか自分でも見当がつかない。その恐怖感から自己正当化に固執するのであろうが、その傾向と「相手側無視＝半側無視」とによって、より自己強弁に走ると思われるのである。

検証10　右脳は操作空間性に優れ左脳はこの面で大きく劣る

右脳損傷患者の観察例によると、彼らは共通してトイレに行く通路やベッドに帰る道がなかなか見つけられない。身なりを整えるのもひと苦労で、シャツを着るという簡単な動作でも上下あべこべとか違う袖に腕を通してしまう。分離脳の患者に、それぞれ右眼と右手（左脳側）、左眼と左手（右脳側）で絵を書かせると、左脳側だけで書いた絵は全く絵になっていない。視覚的処理、操作空間性は、右脳が優れている証拠である。

血液型でも、Ｂ因子が入ると「絵画的な器用さが加わる」。典型例として、両手でそれぞれ違った絵をみるみるうちに並行して書き上げる漫画家水森亜土は、Ｂ因子の強い左利きのＡＢ

型である。日本の漫画界の巨星、手塚治虫は右脳優位のB型であるし、画家の岡本太郎、棟方志功、写真家の立木義浩、土門拳もB型である。

一方、「となりのトトロ」や「風の谷のナウシカ」などで有名な世界的なアニメ作家、宮崎駿はO型であるが、相当に右脳が働くO型だといえよう。

検証11　操作空間性に見るB型＝右脳優位

操作空間性の優劣に関しては、B型＝右脳優位と決定づけるさらに強力な証拠がある。それはプロ野球選手の血液型である。

野球は、同じスポーツの中でも他と違って操作空間性の能力がより強く求められる。日本人の血液型構成はA型三八％・O型三一％・B型二一％・AB型九％の割合で、ほぼ四・三・二・一の比率といってよい。一方、A型、O型の右利き率は八七〜八八％、B型の右利き率は九一〜九二％とのデータがある。

つまりA型右利きの割合は全体の三三％ほどもいるが、プロ野球に限ってみると、このデータは全く違ってくる。

資料は少し古いが、一九九四年までのセ・パ両リーグ八二回（外国人選手を除く）のホームラン王のうち、A型右利きの打者は五回でわずか六％の割合しかいない。日本人全体の中でA

型右利きは約三三％であるから、この劣勢は歴然である。これに対して、B型右利きのホームラン王は野村克也、長嶋茂雄、山本浩二、中西太と、この四人だけで二〇回、二四・四％を占めている。もちろん、生涯記録八六八本のホームラン世界記録を持つ王貞治氏は右脳のよく働く左利き（血液型O型）である。

一方、首位打者においてもA型右利きの割合はやはり低い。もちろん、ここでも生涯安打三千本を打ち、首位打者に七度輝いた張本選手は左利き（血液型O型）である。

最近では、三冠王を取って毎年本塁打、打点などの上位に顔を出すソフトバンクの松中はB型左利き、二〇〇六年のパ・リーグ本塁打・打点王の小笠原道大（日ハム）はA型左打ち（右脳優位）、阪神のアニキ金本はO型の左打ちである。さらに大リーグに目を転じても、世界のイチロー選手は右投げ左打ちのB型であるし、ヤンキースの松井秀喜選手も右投げ左打ちのO型、九五年に単身渡米して米大リーグに旋風を巻き起こした野茂英雄投手は右利きのB型である。

ちなみにイチローや松井秀喜選手は、本来右投げ右打ちの完全右利きであったが、打者として成長するために猛特訓をして左打ちに変えた。野球は左打ちのほうが一塁ベースに近いだけでなく、大リーグのホームラン打者や日本の一流選手に左打ちが多いことを知って、少年期に右脳優位の左打ちにしたのである。

実際、米大リーグの大選手を見渡せば、血液型の資料がないので利き手だけで判断しても、バリー・ボンズ、スイッチヒッターのピート・ローズやベーブ・ルース、タイ・カップなど、右脳優位の左打ちには殿堂入りの超大物が目白押しで、右脳の方が操作空間性が優れていることの証拠だといえる。

検証12 右脳がよく働くA型が多い日本人

ここでA型の名誉のためにいっておくが、A型右利きでも右脳のよく働く人はいるし、そうでなくてもA型右利きの活躍するスポーツ競技はある。マラソンなどはその典型で、マラソンの一流選手にA型が多い。

長い道のりをほぼ同じスピードでひたすら走り続けるマラソンは、野球やテニスなどの球技とちがって左脳優位で推し進めることのできるスポーツといえる。

右脳に電気ショックを与えて麻痺させた症例によると、患者は声の調子に抑揚がうすれ、一本調子で艶がなく、時に男女の声の違いさえわからない。

左脳は音を聞き分けるというよりは、「分類」する。たとえば「それは犬が吠える声だ」という代わりに「動物の泣き声だ」という。つまり、左脳は言語脳である以前にコンピューターに近い働きをする脳だといえるのである。

コンピューターのよいところは、決められた演算を何千回でも何万回でも誤りなく繰り返すことにある。その規則性・反復耐久性は、スポーツでいえばマラソンである。そのマラソンの一流選手にA型が多いというのは、やはりA型イコール左脳優位の証明といえよう。
　一方で、最近の一流マラソン選手には高橋尚子や野口みずきなどO型選手が増えてきている。A型の耐久性・持久力に対し、O型の場合、勝負師性やパワーの大きさを感じさせるが、それでも過酷なマラソン競技でO型が一流選手となるためには、A型に近い持久力を身につけなければならない。ちなみに、後述するアーユルヴェーダの体質分類で血液型A型に相当するカパ体質は、「持久力に優れ、安定したエネルギー」とあり、やはりマラソンランナー向きである。

一流マラソン選手の血液型分布率

血液型	108人
O型	20.4%
A型	45.4%
B型	21.3%
AB型	13.0%

（能見正比古「血液型人間学」青春出版社より）

　利き手と脳の関係では、時に左右脳の状態が逆転している例も報告されており単純ではない。表向きは右利きでも潜在的には左利きという人がいるし、就《つ》いている職業は左脳だけを極端に使う仕事だ、などで違ってくる。両親の血液型や生活環境などによっても影響を受けるのは当然である。
　また、日本語は、漢字にしろ平仮名にしろ、図形的・絵画的である。自然環境も、ごく最近はともかく、四季折々に草花や山々の景色が入れ変わり、自然の豊かさを実感できた。こうした環境は、右脳が十分に働きやすい。血液型A型のエネルギーは左脳と対応するといっても、後述するように日本の深層の文化や環境は右脳優位と考えてよいから、日本人であれば、A型の人でも右脳がよく働く人は大勢いるといってよい。

ただ、そうした点を考慮しても基本エネルギーとして血液型A因子は左脳を、B因子は右脳を優位に働かせるエネルギーと見て間違いないと思えるのだが、いかがだろうか。

O型因子は前頭葉、AB型因子は後頭部を優位に働かす

次は血液型O型、AB型と脳との対応である。

その前に、いま一度血液型の知識を整理しておくと、A型、B型、O型、AB型というのは血液型の表現型であって、遺伝子型ではない。遺伝子型とは、A型にもAO型とAA型、B型にもBO型とBB型が存在することをいうが、残念ながら血液鑑定ではあらわれない。ただし、両親の一方がO型の場合には子にAAやBBはなく、また両親ともにAB型の場合、子供にあらわれるB型やA型は必ずBB型ないしはAA型である。

以上のケース以外では、A型、B型の表現型の人にO型因子が入っているか否かの区別ができない。一般的にはAA型やBB型はきわめて少ない。たいていの人はB型もA型もBO型か

ＡＯ型である。また、ＡＡ型やＢＢ型、あるいはＡＢ型であっても、血液型物質としてはＯ型物質が基本となっている。したがって、以下にＯ型と述べるのは、他の血液型のＯ型因子も含むと理解していただきたい。

以上を前提に、血液型Ｏ型、ＡＢ型と脳との対応関係を探ってみることとする。

これも結論から先にいうと、血液型Ｏ型の因子は前頭葉を優位に働かせるエネルギーであり、ＡＢ型は後頭部（頭頂葉・後頭葉・側頭葉・小脳）を優位に働かせるエネルギーである。

脳は上から見ると、左右脳のほか、中心溝を境にして前頭葉と後頭部に分けることができる。つまり、血液型のＯ型とＡＢ型は中心溝を境にして優位脳部分が分かれていることになる。

検証１　Ｏ型は言語表現がうまい

まず言語機能から入ると、言葉の発語を担当するブローカ領野は中心溝を境にして左脳の前頭葉側にあり、言葉の理解に関与するウィルニッケの領野は左脳の後頭部にある。

左脳前頭部の損傷患者の例では、患者は話し言葉をつくり出すのに苦労するが会話は理解できる。話し方はとぎれ、最も肝心な単語だけをつらねた電報のような響きとなる。これを「ブローカ失語症」という。

一方、左脳後頭部を損傷すると、言葉をつくる器官は損なわれていないが、左脳の論理的思

大脳新皮質の役割

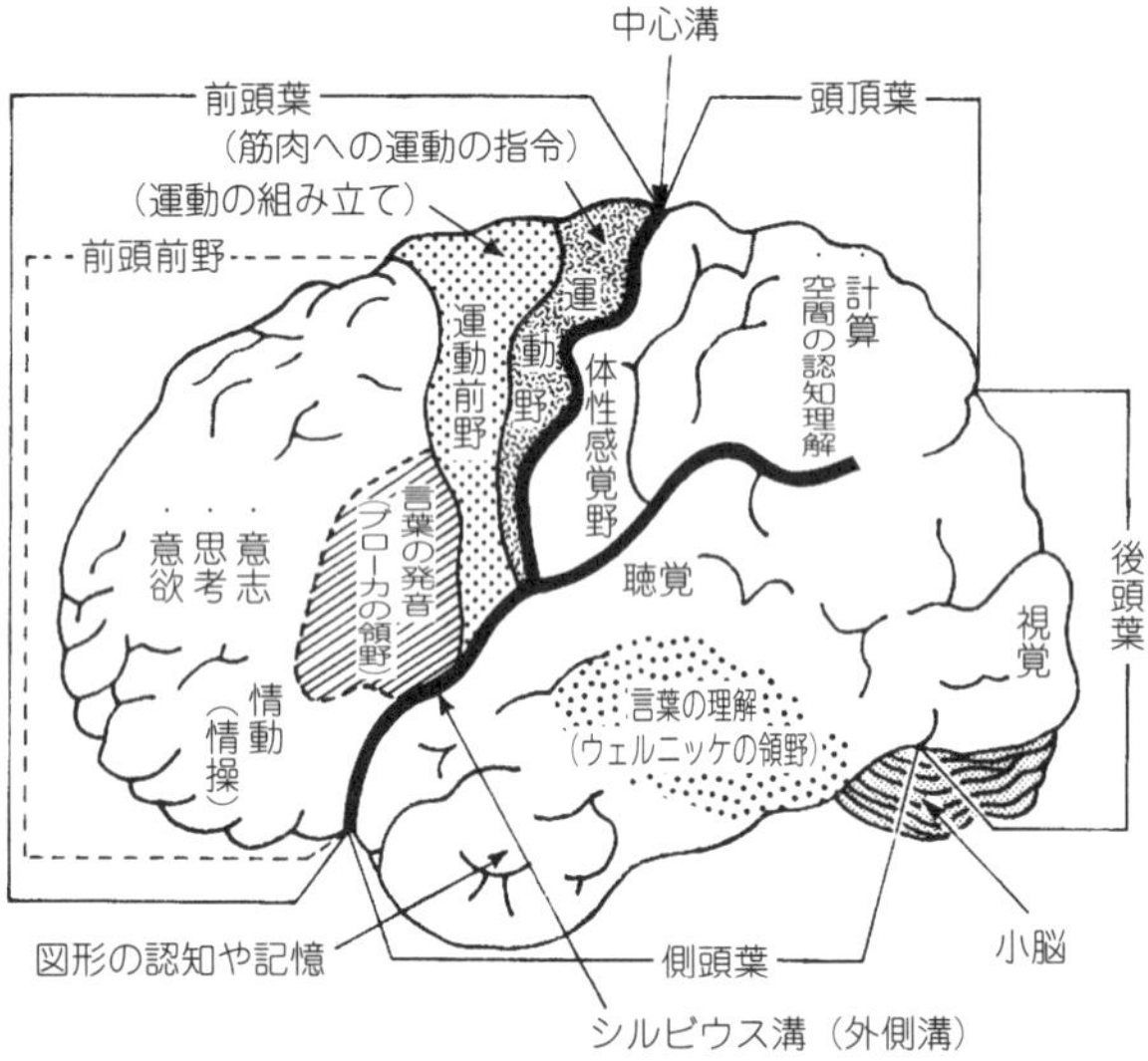

（久保田競教授の図をもとに作成）

考が狂ったようなタイプの失語症となる。結果は「単語の手品師で、でたらめ話から成る、驚くほど流暢な音の流れ」となる。このように、言語理解能力は失われているが言葉の表現能力は十分ある患者を「ウィルニッケ失語症」という。

さて、前項で優秀な言論家としてA型では土井たか子、前原誠司を挙げたが、実をいうと、血液型別では平均してO型が一番言語表現がうまい。

先にあげたA型の尾崎咢堂の例でいうと、彼は政敵の欠点を抽象論理を駆使して執拗に突くという方法で時の内閣を退陣にまで追い込み、名をはせたが、政界に入った当初は実に演説が下手だったという。その最大の欠点は、語尾が消えることだった。

一方、O型の語尾にアクセントを置くしゃべり方は「歯切れよく、断定的な明解さを響かせる。また、声もよく通る人が多い」。元総理大臣中曽根康弘や元議員の浜田幸一などは、その意味で典型的なO型である。A型やB型に語尾不明瞭者が多いとの観察結果と合わせて見るに、発語を担当するブローカ領野を含む前頭葉が血液型O型の優位脳であるとする第一の理由である。

一方、O型気質が薄く、前頭葉から最も遠いAB型の発語については、「リラックスした雑談では軽妙でウィットに富むが、あらたまった席での大事な発言や演説では抑揚やアクセントに乏しく、印象に残りにくい。この点、抑揚のきいたO型と対照的である」。例として、橋本龍太郎、宮沢喜一はAB型である。

ちなみに、左脳後頭部の損傷患者は「単語の手品師で、でたらめ話から成る、驚くほど流暢な音の流れ」を口にする。これは、別の見方をすれば「平気でウソをつくことができる」能力でもある。つまり、前頭葉左脳側を首座とすれば、「言葉はきわめて明瞭だが、ウソをつくことも平気」という、どこかの国の政治家のようなタイプとなる。名前を挙げた特定の人物がそうだというわけではないが、政治経験の長い長老政治家にO型が多いという統計と合わせて見ると、あまりにもピタリと符号するのではなかろうか。

検証2　ロボトミー手術とO型

さて、前頭葉を損傷した場合の症状の研究は、きわめて偶然のできごとから始まった。一八〇〇年代、アメリカ・バーモント州で鉄道工事中の鉄パイプが作業者の前頭部を貫いた。その事故による作業者の性格変化が医学界の知るところとなり、以降、前頭葉が研究対象となった。この報告を契機に、精神病患者の前頭葉切り（ロボトミー）の手術が流行り、ポルトガルの精神神経医モニスらは、一九五〇年頃までに約二万人のロボトミー手術を行った。現在は「治療方法として適切でない」として採用されていないが、手術による性格変化は明らかであった。

まず動物実験で、気性が荒くテストに失敗すると怒ってあばれ、テストを拒否することが多かったチンパンジーについて、前頭葉を切除するとおとなしくなった。人間への手術でも偏頭痛や不安神経症がなくなる代わりに、意欲がなくなったり、外界の刺激に対して無関心になったりという後遺症が出た。

つまり、前頭葉は意欲の座、自己主張・闘争心の座といえるが、血液型でもO型は、その短所として「けんか早い。反抗的。素直でなく強情。すぐ張り合う。強引」などと、闘争心の強さを示す傾向が見られる。

一方、ＡＢ型は「評論家姿勢。常に第三者的。人間性や感激性が少ない。傍観的」と、力の闘争を避ける面が指摘されている。これらの特徴は、血液型O型は前頭葉を主座、AB型は全く正反対の後頭部を主座としていることを明確に示している。

検証3　タレントが多いO型

前頭葉に損傷のある患者は、空のコップをとって飲む〝振り〟をしたり、チョークや黒板が眼前にあるものと想像して、そこに自分の名前を書く〝真似〟ができない。しかし、コップに水が注がれれば飲むことができるし、実際にチョークと黒板が与えられれば、そこに名前を書くことができる。これは「抽象的能力の喪失例」とされているが、要するに「演技力の喪失」である。

この演技力が職業上で最も必要とされるのは、当然、俳優やタレントということになるが、その俳優やタレントにO型が多い。ビートたけし、タモリ、所ジョージ、えなりかずき、ペ・ヨンジュン、武田鉄矢、中村雅俊、勝新太郎、三船敏郎などの男性陣。和田アキ子、天海祐希、片平なぎさ、上戸彩、後藤真希、加賀まり子、吉永小百合（左利き）などの女性陣。

実力派の多さと存在感、個性の強さから、演技派タレントの本命はO型といえる。

もちろん、俳優・タレントにAB型も結構いるが、AB型の場合は内村光良、加藤茶、島田紳助、古舘伊知郎、松方弘樹（左利き）、大原麗子、アグネス・チャンなど、演技派というよりは、その端正な美男・美女ぶりや反射的な対応のうまさでスターの地位を維持している人が多いように見受けられる。

また、平均的にも、O型は企業や組織内で昇進するにつれ地位に応じた言動や威厳を装ったり、自己表現の巧みな演技派が多く、前頭葉がO型の主座であることを如実に示している。

検証4　アバウト人間のO型

様々な色の毛糸の束から見本として示された色、たとえば赤色と似た色の毛糸を選ばせるテストがある。前頭葉を損傷した患者は、このテストにおいて見本と完全に同じ毛糸しか選択できない。正常人のように「似たような赤いもの」という分類ができないという。

つまり、前頭葉は「アバウト」に対処できる柔軟性を持つ。血液型でもO型は大雑把な分類把握は平均して一番うまい。晩年に巨額の脱税事件でミソをつけたO型政治家の金丸信は「アバウト人間」として名高かった。あなたの周りにいるアバウト人間も、血液型を聞けば「O型」と返ってくること請け合いで、O型イコール前頭葉が主座であることの強力な証明といえる。

検証5　積極性とO型

前頭葉を損傷すると積極的に行動する意欲が乏しくなり、計画性が欠如し、外界の出来事に対しても無関心・無頓着になる。その症例は数多くある。つまり、前頭葉は「意欲の座・行動の座」であり、社会性の基盤であるといえる。

血液型でも、O型はその長所として「実行力があり、有能、やり手。積極的。いい意味で野心的。根性がある。負けず嫌い。決断力がある。不屈の精神」。また、計画については「目的志向性（達成力）の強さ。意志が強い」とあり、どれも意欲と行動力に満ちていることを示している。この点も、血液型のO型が「意欲と行動力の座」である前頭葉を主座としている有力な証明である。

検証6　自己中心性と前頭葉

血液型O型が前頭葉を首座とする極めつきの証拠がある。何かというと、前頭葉を損傷した場合の認知障害として「自己中心的な定位が損なわれる」というテスト結果である。

暗闇で体を傾けた状態で、一本の光の線を垂直になるように調整させると、誰でも体の傾きとは逆の方向に少しズレて調整する傾向がある。前頭葉に損傷を受けた患者は、このズレが正常者や後頭部損傷患者よりもずっと大きいという。このテスト結果から、前頭葉には「自己中心的な定位を定める機能」があるとされている。

血液型における観察では、O型は「自己主張が強い。独立心旺盛、頑固、強引」とある。このように、O型は気質面でも自己中心的な傾向を強く有する。これは「自己中心的な定位を定める前頭葉」を主座としている結果である。

一方、AB型は「自主性が足りぬ、引きずられる、常に第三者的」と、O型と違って自己中心的な定位が定まらない。

「自己中心的」というと、イコール利己的とされ、日本ではよい性格とはされていない。しかし、これが自分の体の傾き把握や垂直の判断、ひいては自主性や独立心にまで関係するとなれば、ご愛嬌では済まなくなる。前頭葉は、そうした自主性や独立心の中心的な柱を定めていることになる。

後ほどくわしく述べるが、血液型は民族間でその構成が大きく異なり、いわば血液型の特徴で民族分類が可能となる。それによれば、日本人全体が前頭葉から遠い、自己中心性のうすい民族タイプに分類される。

検証7　手先が器用なO型

大脳は、中心溝を境にしてすぐ前方に運動野が広がる。大まかな運動のみである足のためには、わずかな大脳新皮質の部分、こまかな運動をする手や指のためには、広い範囲の運動野があてがわれている。血液型O型の大脳における主座が前頭葉であるといった場合、額の前面から主にこの中心溝までを指す。中心溝の手前には手や指の運動野が広がるわけだから、この領域を主座とする血液型は当然のこと手先や指先が器用だということになる。

事実、O型の器用さは群を抜き、とりわけ道具を使うのがうまい。ただし、道具を超えて機械やコンピューターとなると左脳優位のA型がずっと強くなる。これは、機械やコンピューターは左脳型の道具であるからである。一方、AB型は反射神経は敏感で知的な作業は早いが、「手を動かす作業は遅い人が目立つ」。

このことは、逆に考えればAB型やO型気質の薄い人が前頭葉をより発達させるためには、他の血液型の人以上に手や指先を使う遊びやゲームに親しむべきだ、ということを教えてくれる。手先や指先を丹念に使う作業を続けることによって前頭葉は発達する。また、言葉を明瞭に発音する訓練をすることによっても前頭葉（ブローカ領野）は発達するし、適度な全身運動を毎日続けることによっても前頭葉運動野は発達する。

検証8　運動能力とO型

大脳新皮質の「運動野」に関連してもう一つ、血液型O型についての運動能力を見ると、パワーとジャンプ力に優れた人が多い。バレーボールの一流選手で強烈なスパイクを決めるエース・アタッカーには、どのチームもO型が多いし、プロ野球においても世界のホームラン王となった王貞治氏、ヤンキースの松井秀喜など、パワーに優れた選手はO型（いずれも右脳優位の左打ち）が多い。

また、運動量の激しいスポーツであるサッカーを見ても、中田英寿、中村俊輔（左足によるシュートがすごい！）、小野伸二、稲本潤一など、一流選手にO型が多い。先ほどO型は手先が器用であるといったが、サッカーの一流選手を見ると「O型は足先も器用」ということになる。

ちなみに、AB型は「単純な体力を競うスポーツより、より技巧的な種目に天分を発揮するように見える」。陸上では棒高跳び、スタートの技術がものをいう短距離、技術的な要素の多い障害や多角的な能力を問われる五種・十種競技にAB型の名選手が目立つ。

前頭葉中心に血液型気質を対応させていくと、どうしてもO型に有利でAB型に不利な気質傾向が目立ってくる。これでは片手落ちであるだけでなく、AB型の神秘性から離れる一方なので、今度は脳の後頭部の機能と対比させることにしよう。その中でも、とりわけ小脳を取りあげてみる。

AB型が脳の後頭部を首座とするといった場合、それは広く左右両脳の後頭部を含むが、AB型の神秘は、単にA面・B面を併せ持ちO型気質から遠いといった単純なものではない。その一つの例が小脳と対応させることによってわかるのではないだろうか。

検証9　バランス感覚優れるAB型

小脳ですでに判明している最も重要な機能は、身体の各部の運動を協調させて平衡を保ち、運動が円滑にできるように微調整することである。身体運動の最終的統合は大脳新皮質の運動野であるが、小脳は運動を行う時の大脳にとって最も強力なパートナーとして働く。たとえば、鼻の先に触ろうとして指を動かす時、大脳は腕を鼻の付近に持っていくような大きな動きをつくり出し、小脳は最後の着地に相当する細やかな動きを誘導する。このため小脳を損傷すると、鼻先に触ろうとしても距離が合わなくなったり、目の前の物を取れなくなったりする。

このように「微妙なバランス・協調・調整・正確さ」を担当する小脳の働きは、後頭部を主座とするAB型の気質傾向にもあらわれる。AB型は血液型気質の観察において、「人間関係の（微）調整が巧みで、バランス感覚に優れ、公平性がある」。これは、小脳を主座の一部とするためといってよい。このように、まさに前頭葉＝O型が不得意とする部分を、小脳を主座とするAB型が補うようにできているのだといえる。

検証10　卓球の上手なAB型

泳ぎ方や自転車の乗り方、楽器の演奏など、記憶を一つひとつ意識して取り出さなくとも体が覚えていて「条件反射的」に働き出すのは、小脳の働きによるものだ。
　この小脳の条件反射的な機能は、一般論として運動についてのみ働くとされている。だが、運動だけでなく思考にも関与し、小脳は反射的な頭の回転の速さによって大脳を助けていると考えてよい。
　では、なぜ小脳の条件反射的な働きが思考にも関与していると考えるかというと、血液型気質でＡＢ型は頭の回転の速い人が多く、「シャープ」で「重要ポイントを早くつかむ」とあるからである。

卓球の得意・不得意のアンケート

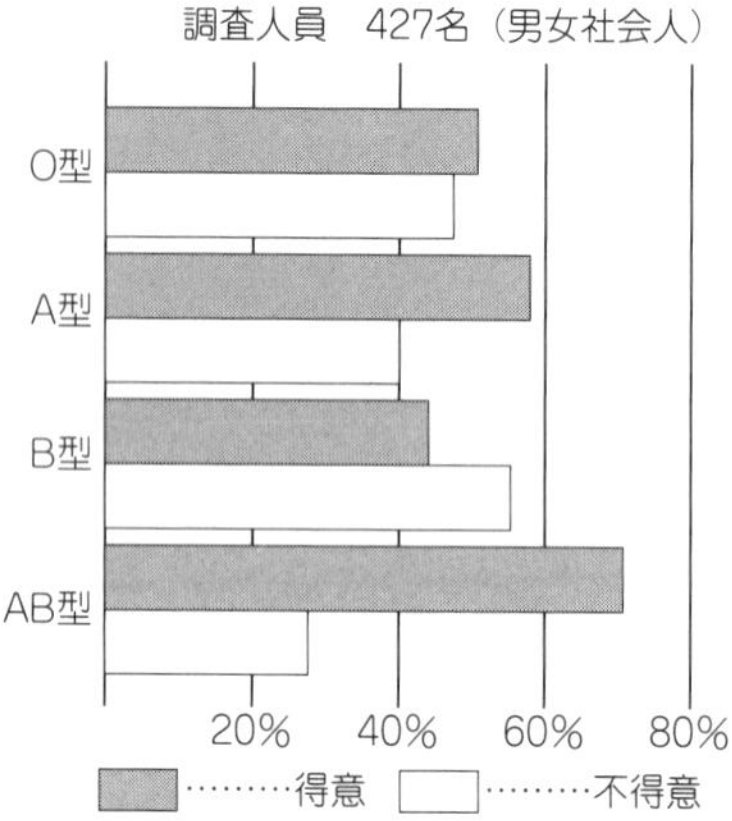

（能見正比古氏、俊賢氏調べ）

　小脳が運動だけでなく頭の回転の速さに関与している理由として、今のところ、小脳は長期に訓練された記憶、たとえば足し算・掛け算、日常の動作などの記憶の座でもあるとする説が一般的である。だが、私の観察では、それだけでなく小脳と大脳の細胞密度の違いが関係しているのではないかと推定する。小脳は重さ一三〇グラム前後で大脳の一〇％ほどしかないにもかかわらず、脳全体の半分以上の細胞数がこの小脳に存在する。当然、距離の近さから細胞間のやりとりは大脳の何倍ものスピードになると考えられ、このことが反射神経のよさや頭の回転の速さにつながると考えられるのである。

さて、ＡＢ型の反射神経が平均して優れていることを示すデータとして、卓球がある。能見氏が社会人四二七人に対し「卓球の得手不得手」をたずねた調査では、ＡＢ型の「得意である」とする答えは七割に達し、きわめて多い。他の血液型ではＯ型、Ａ型、Ｂ型とも四割から五割で、「不得意である」とする数もほぼ同数である。

卓球は、数あるスポーツの中でも反射神経のよさを競うスポーツといってよい。その卓球をＡＢ型が得意とすることは、ＡＢ型イコール小脳を主座としている証明といえよう。

この傾向は国別でもいえる。オリンピックなどで卓球の一番強い国は中国だが、その中国には血液型Ｂ型が多い。当然ＡＢ型の数も多いから、総人口を考えると中国人が卓球で世界一となるのも至極当然といえる。

検証11　ＡＢ型は頭の回転が速い

もちろん、こうした傾向はスポーツ以外でも発揮されるとみえて、最近の東大生にはＡＢ型が多いという。いくつかの選択枝から一つを選んで、その正解の量を競うというマークシート方式は採点者にとっては効率がよい。しかし、受験競争で問われる能力が「反射神経のよさと知識の厳密な正確さ」である限り、小脳を主座の一部とするＡＢ型優位となるのは、脳理論からして当然といえる。

さらに、ＡＢ型のこうした傾向は知能テストの結果にもあらわれる。知能テストの分析者によれば、「現在のＩＱテストは、短時間のうちに多くの論理的問題を正確に解く力を測る」ことから、反射神経がよく、頭の回転の速いＡＢ型にとっては有利な結果となる。正式な統計はないが、血液型別に知能テストを行えば、おそらくＡＢ型グループが一番上位に位置することになるだろう。最近の東大生にＡＢ型が多いというのは、その証左だといえる。

ちなみに、『ＥＱ～こころの知能指数』の著者ダニエル・ベールマンによれば、人生を成功に導く要因のうち、ＩＱが関係するのはせいぜい二〇％だそうである。

検証12　抑制性シナプスで思考するＡＢ型

さて今度は、別の観点から小脳と血液型ＡＢ型との対応を示すと思われる事実を示そう。

小脳研究の第一人者、元東大教授の伊藤正男氏によれば、「大脳と小脳の神経回路の構造はひどく異なっていて、大脳のシナプスの可塑性は興奮性であるのに対し、小脳は抑制性である」。

興奮性のシナプスとは、信号をある程度以上の数の入力繊維に連続して送るとシナプスの伝達効率が増強され、それが長く続くように変化する。これは「長期増強」と呼ばれ、大脳新皮質全般や海馬などに見られる。

一方、抑制性のシナプスとは、小脳のプルキンエ細胞にある「長期抑制」などで、こちらは連続して信号を受け取ると平行繊維とプルキンエ細胞間のシナプスの伝達効率が低下する。

つまり、大脳では長期増強の興奮により神経回路のスイッチを入れることで活動を行っているのに対し、小脳では長期抑制によって神経伝達を低下させることで運動の記憶を保持している。

全く複雑な仕組みであるが、血液型との関連でいえば、大脳（前頭葉に限らないが、それでも大脳全体の行動指令は前頭葉連合野である）を主座とすれば興奮性となってあらわれ、小脳を主座とすれば抑制的な性格となってあらわれやすいことは推定できると思う。

この点でも血液型気質は対応し、大脳前頭葉を主座とするO型は「すぐ張り合う。けんか早い。反抗的」と、興奮性シナプスによって思考しているような気質傾向を示す。一方、AB型は「クール、淡白、ドライ、沈着冷静」と、いずれも抑制性シナプスで思考していると推定できる気質を示すのである。

検証13　鳥人間AB型

　AB型が小脳を有力な主座とする例として、もう一つ、脳の発達を動物で見てみると、脳は脊椎動物になってから出現し、魚類・両生類・爬虫類・鳥類・ほ乳類と大きくなり続け、人で頂点に達した。ことに大脳新皮質を含む前頭葉が爆発的に発達したのが人間である。

　一方、空中生活を選択した鳥類は小脳が異常に大きい。鳥は飛ぶために肩や腕の筋肉を発達させたり、空中で微妙なバランスを保つことが求められる。そのため、運動の制御や組立てにかかわるとみられる大脳基底核と、体の平衡を保つことに大きくかかわる小脳が発達した。

　ところで、鳥のように空高く飛び続けるために小脳の発達が必要であるとするならば、スキーのジャンプ競技の一流選手はAB型が多いという推定が成り立つ。なぜなら、AB型は脳の後頭部を主座とし、小脳をそ

脊椎動物の脳の進化

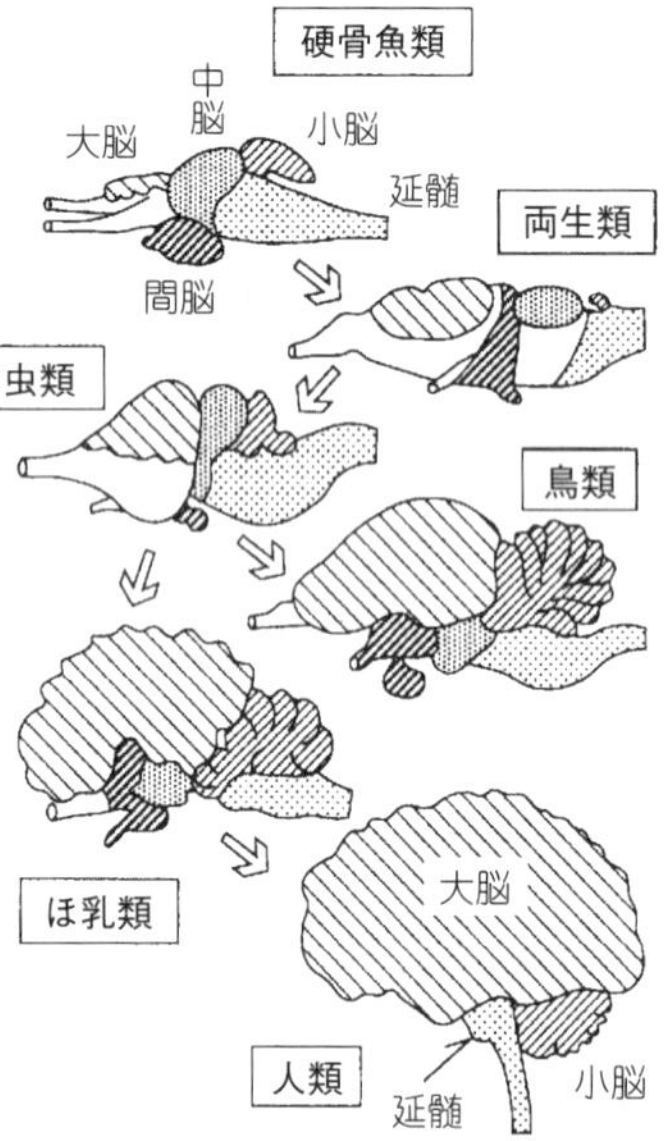

（大木幸介教授の図を改変）

の中に含むからである。

スキーのジャンプは、単純なジャンプ力によるというよりは、踏み切りのタイミングとバランスのよい空中姿勢の維持がカギとなる。これには、鳥と同じように小脳が発達している必要がある。事実、しっかりしたデータはとられていないが、元オリンピック選手の秋元正博など日本の一流ジャンパーにはＡＢ型が多い。ＡＢ型以外では、「時に清水の舞台から飛び降りるほどの思い切りの良さ」を示す気質や「死と隣り合わせになるまで我慢する肉体的忍耐力」を持つＡ型が多いはずである。冬季オリンピックのゴールド・メダリスト、原田雅彦や船木和喜はＡ型である。

〝鳥人間〟と称されたノルウェーのニッカネンや現役ジャンプ選手の血液型をすべて調べていけば正確なことがわかるだろうが、少なくとも血液型と脳との対応理論からは、ジャンプの一流選手はＡＢ型と小脳の発達したＡ型が多いと推定されるのである。

検証14　記憶力抜群のＯ型

さて、この血液型と脳の対応理論もかなり進んできた。細かい項目を挙げればまだ数多いのだが、大きな項目として次に記憶を取りあげてみたい。

我々は、日常の生活を営む上で基本的なルールに基づいた行動や定型化された習慣的動作を数多く行うが、もし、それらを記憶することができず、毎日一から考え直していたら日常生活が進まない。家族や友人や知人の顔も一切記憶することができず、見る都度に忘れていたらとても通常の社会生活は営めない。そういう意味で、記憶は脳の働きの中でも最重要の働きの一つである。

記憶の分類法には色々あるが、大きく分けて「身体で覚える記憶」と「頭で覚える記憶」がある。身体で覚える記憶とは、自転車の乗り方や水泳の仕方などで「ワザの記憶」ということができる。後者は考えて思い出す記憶であり、これは「エピソード記憶」と「意味記憶」に分けられる。エピソード記憶とは自分や家族などとの過去の思い出の記憶であり、意味記憶とは学校で学ぶような知識の記憶である。

記憶の種類

記憶
- 身体で覚える記憶
- 頭で覚える記憶
  - エピソード記憶
  - 意味記憶

さて、記憶力と血液型との対応であるが、右のエピソード記憶に最も優れるのはO型である。O型の人の記憶力は具体的で視覚的である。三十年以上も前の話を「その時彼女の身なりは○○で、窓のそばにはチューリップの花が…」と、写真をとり出すように語るO型がよくいる。

また、O型は自己の体験から得られた「経験則」を基準に判断・行動する面が強く、これもエピソード記憶を基礎とする。事実、エピソード記憶は前頭葉と海馬の部分、意味記憶は頭頂葉と側頭葉前部に蓄えられることがわかっている。「エピソード記憶を思い出す時は前頭葉の局所血流量が高まる」というカナダ・トロント大学のタルビング教授の研究報告もあり、O型イコール前頭葉優位説を裏付けるものである。

検証15　時間軸による記憶分類

時間軸で見た場合の記憶は瞬時記憶、短期記憶、近時記憶、長期記憶の四つに分類される。テレビを見たり本を読んだりすると、人は目に入った画像や文字を反射的に覚える。この時、脳内では複数のニューロンが連結しパターンをつくる。これを「瞬時記憶」といい、すぐに失われてしまうが、それでもこの記憶のおかげでテレビの画像や本の文章を連続したものとして理解できる。この瞬時記憶による記憶の保持は、視覚で一秒弱、聴覚で四秒といわれている。

次に、「短期記憶」とは、ちょっと注意をそらすと消えてしまうような記憶で、電話帳を見ながら電話をかける時や、本の目次を見て該当するページを開くまで、一時的に覚えているような記憶がこれに当たる。瞬時記憶よりは長いが、それでも二〇秒〜一分程度である。

一方、昨日の夕食にカレーを食べたとか、一昨日の会議に彼は出席しなかったとか、数日間覚えているような記憶が「近時記憶」である。そして、この近時記憶が大脳内に定着し、忘れることがなくなると「長期記憶」となる。

この近時記憶と長期記憶に大いに関与しているのが、脳の中心近くにある海馬という器官である。一九五〇年代にアメリカで、てんかん症状をもつ患者の海馬を除去したところ、てんかん自体の症状は改善されたが、新しいことを何一つ覚えられなくなった。ただ、患者は一分程度は記憶を保持できたし、ピアノを教えれば上達した。また、手術の二年前より以前に経験した記憶は残っていた。これらのことから、海馬には、目や耳、皮膚などから入った情報を一つにまとめてエピソードとして記憶する働きのあることがわかっている。コンピューターでいえば、情報を一時的に保管するメモリーに当たる場所が海馬、半永久的に保存するハードディスクが大脳新皮質だということになる。

血液型との関連でいえば、この近時記憶を受け持ち、さらに印象的なものを長期記憶として大脳に定着させる働きを持つ海馬は、O型気質と特に関係すると思われる。

この説には筆者の独断がかなり入っているが、その理由として、第一にO型はエピソード記憶のみならず全般的にも記憶容量の大きい人が多いことが挙げられる。記憶容量が大きいためには、記憶の回路もスムースに作動しなければならず、そのための重要中継基地たる海馬が有効に働かねばならない。海馬が効率的に働くことによって、長期記憶への振り分けも容易となる。

第二に、どの血液型もO型気質が基本となっている。瞬時の記憶以外の記憶は、すべて海馬を経るという現在の研究成果からすれば、海馬はすべての血液型に共通のO型気質のエネルギーによって稼働するといってよいだろう。

第三に、瞬時記憶とはほんの数秒の記憶を指し、海馬にまで行かない記憶だが、これは動物でたとえればニワトリの記憶に近い。

古来、物忘れの激しい人を「ニワトリのような人」という。なぜかというと、ニワトリは三歩歩くと忘れる。つまり、ニワトリは瞬時記憶と反射神経だけで生きており、短期や長期の記憶に関係する海馬は働かない動物と考えられているのである。

鳥は、空での姿勢を保つために小脳が異常に発達した。ニワトリも鳥の一種であり、記憶が瞬時記憶に終わるニワトリの性質と、小脳優位の血液型がAB型であることから想起すると、海馬はO型気質のエネルギーで働くのだと推定できるのである。

検証16　O型にはなぜ富士額が少ないのか

話は変わるが、O型には富士額が少ない。また、額の出た人が多い。前頭葉は頭の前面にあり、前頭葉を優位に使い続ければ、額の部分は発達する。結果、左右脳の割れ目は埋まって富士額は少なくなる。それゆえ、O型には富士額が少ないのである。

検証17　O型にハゲの人が多い理由

O型にはハゲの人が多い。これは、O型が過度に前頭葉を緊張させる結果だろう。適度な遊び・ゆるみがなければ草木も生えない理屈で、O型にはハゲの人が多くなる。

O型のハゲは、前頭部を中心に髪の毛が一本もない見事なハゲが多いように見受けられる。これを見ても、O型は前頭葉を首座としている証拠だといえる。疑う人は、周りにいるハゲの人に血液型を聞いてみていただきたいものである（不審な表情をされるかもしれないので、聞く時はお気をつけください）。

このように血液型と脳とを対応させてみると、前頭葉（大脳）と小脳は強力な補完関係にあることがわかる。つまり、前頭葉の得意な分野は小脳では弱く、小脳が強く力を発揮する分野については前頭葉ではきわめて弱い。目標達成力で前頭葉はきわめて強いが、全体のきめ細かなバランス維持に弱い、その部分を小脳が担う、という具合である。この補完関係は、左脳と右脳の補完関係以上に強いと思われるほどである。

くわしくは後述するが、アメリカは前頭葉を主座とするO型主導の国家であり、日本は小脳を含む後頭部を主座とする民族である。前頭葉と小脳や後頭部は強力な補完関係にあるというのは、それらを優位脳とする民族レベルでもいえることから、日本とアメリカの関係はまさに優位脳の違いに基づく相互補完関係だということもできる。

なお、血液型の違いがどのように作用してそれぞれの脳の部位を優位に動かすのか、筆者にはまだわからない。脳内のニューロンの働きが関係していると思えるが、その具体的メカニズムの解明は現代の分析科学におまかせしたい。

また、ABO式の血液型を決める糖は、手にたとえると、手全体の中の指にあたる末端部にのみ存在している。その僅少さを理由に血液型による気質分類や脳との対応を否定する人は、DNA遺伝子におけるヒトとチンパンジーの差を思い起こしていただきたい。チンパンジーと人間は、DNA遺伝子の上では、わずかに一・六％しか相違がない。その違いがごくわずかだからといって、チンパンジーと人間とを同一視する人はいないだろう。

また、血液型気質については、わずか四つのタイプに人を分類するのは無理がある、という批判もある。だが、現代物理学における「大統一理論」は、重力・電磁力・強い相互作用と弱い相互作用というわずか四つの力で、大宇宙にも人体にも働く共通の力を説明しようとする。この大統一理論の「四つの力」は、さらに三つの力に集約されるが、ABO式血液型も、四つの型はA、B、Oの三つの因子で成り立っているのである。

さらに、我々の遺伝的性質を決めるのはDNAであるが、膨大な遺伝情報も、わずか四つの因子によって記されている。アデニン（A）、チミン（T）、グアニン（G）、シトシン（C）の四つの塩基で、それが三組単位で書かれて個々の遺伝情報を決めている。だから、ＡＢＯ式血液型の四つで人を分類するという試みは、一人ひとりの個性とは別に、大枠として間違いではない。

血液型気質を扱う場合、注意すべきは、それが脳と対応することである。脳の深層においては各血液型エネルギーの共通した側面が働くとしても、それぞれの具体的個人については、必ずしもＡＢ型イコール前頭葉劣位の人とはいえず、Ｏ型だからといって一〇〇パーセント前頭葉優位とは限らない。この点はＡ型、Ｂ型で指摘したことと同じである。

第二章
アーユルヴェーダにおける体質分類と脳＝血液型

これまで血液型による気質分類に懐疑的であった人も、前章の説明で、考えを見直してみようという気になっていただけたことと思う。

この血液型と脳との対応をさらに推し進めて、今度はインドに古くから伝わるアーユルヴェーダによる体質分類との対応関係を明らかにしてみたい。

なぜならアーユルヴェーダにおいて人の体内に働くとされる三つの力、すなわちヴァータ、ピッタ、カパという力が血液型のB・O・A型の気質エネルギーときわめて酷似した内容を持っているからである。

前章では、血液型と脳との対応関係を明らかにした。それは十分に科学的検証に耐え得ると思っている。しかしながら、血液型による気質分類は、国内的にはともかく、国際的に市民権を得るには時間がかかる。その点、アーユルヴェーダならば、五千年以上の歴史を持ち、その体質分類によって数多くの病気を現実に治してきており、すでに世界保健機構（ＷＨＯ）によって正式承認されてもいる。

このように、実践面において科学的成果を十分積み上げているアーユルヴェーダと対比させることは、血液型と脳との対応をさらに補強するものと考える。

最古の生命科学、アーユルヴェーダ

アーユルヴェーダとは、インドに古代から伝わる「生命の科学」である。一般的には中国の漢方医学と並ぶ東洋医学の一つである。だが、アーユルヴェーダは漢方よりも古く、最盛期は紀元前八世紀から紀元後十世紀頃とされている。その外科学は当時の世界最先端で、中国医学もこれをそのまま借用して外科手術を行ったとされている。ギリシア医学の四体液説はアーユルヴェーダの体質理論をもとにしているという説もあり、古くから東西の医学に影響を与えてきた。

それだけではない。アーユルヴェーダは単に医学の範疇に留まらず、人の生命を押し広げて大自然と一体化させ、宇宙内存在ともいうべき人間観を基礎に持つ。広く世に知られるヨーガは、このアーユルヴェーダの理論的基盤の上に立った一体系であり、人間の心身を小宇宙として大宇宙と対峙させる。

この壮大な拡がりを持ったアーユルヴェーダを現代的なシステムに再構築したのが、かの有名なマハシリ・マヘーシュ・ヨーギーである。彼は一九八〇年代に初めてこの生命科学を体系化して西洋に紹介した。以来、西洋医学を超えるものとして広範囲な共感を呼び、世界的な市民権を獲得した。かのビートルズもマハシリの直接指導を受けてよみがえったほどである。

以下にアーユルヴェーダと呼ぶのは、このマハシリらによって体系化されたものを指す。また、その詳細な理論はマハシリ・アーユルヴェーダの優秀な実践者として名高い全米アーユルヴェーダ協会会長、ディーパック・チョプラ著の『クォンタム・ヘルス』（春秋社刊）から引用させていただくことにする。アーユルヴェーダの体質分類に関して「　」書きで示す部分は、次章も含めてすべて同書からのものである。

さて、アーユルヴェーダの理論によれば、人間の体の中には「ドーシャ（ｄｏｓｈａ）」と呼ばれる三つの力が働いており、それがあらゆる生理的機能・心理的傾向を動かしている。この三つの力は、ヴァータ、ピッタ、カパと呼ばれ、次のような性質を持つ。

・ヴァータ……力の性質は「軽さと動き」

呼吸・血液の循環、消化器の中の食物の移動、脳の神経インパルスの出入りなど、「運動」を支援する。胃や腸の動きはヴァータによって制御され、心のすばやい動きもヴァータによる。

・ピッタ……力の性質は「熱と鋭さ」

ピッタは心理・生理機能の中の物質変換、すなわち「代謝」を支配する。消化力はピッタに依存し、情報の変換処理である知性もまたピッタによって動かされる。

・カパ……力の性質は「重さと安定」

細胞のまとまりや筋肉・脂肪・胃などの「構造と湿気」を支配する。

人は皆、三つのドーシャのすべてを持っているが、どのドーシャが優勢であるかによって人間の体質にも三つの基本型がある。つまり、ヴァータ体質・ピッタ体質・カパ体質である。

この三つの体質が、私のいう血液型と脳の対応関係と非常によく重なる。血液型にはA・B・O・ABと四つあるが、AB型はA因子とB因子に分けることができ、エネルギーの源泉としてはA・B・Oの三種である。その対応関係を見ると、アーユルヴェーダの三つの体質分類とは、要するにABO式血液型による気質分類の別の呼び名かと思えるほどである。

アーユルヴェーダは、その長い歴史と医学的必要性から、かかりやすい病気、そのタイプ別治療法まで網羅され、血液型気質以上に広範囲に体系化されている。そうした研究目的の違いや認識の広さの違いはあっても、両者に共通する「エネルギーの質」に着目して見ていきたい。

アーユルヴェーダにおける三つのドーシャの特徴

	ヴァータ体質	ピッタ体質	カパ体質
各体質の特徴	・軽く細い体格。動作がすばやい ・熱中、快活、感受性、想像力豊か ・気分が変わりやすい。悩みが多い ・もの覚え早いが、忘れるのも早い ・心や体のエネルギーが一気に出る ・頑張りすぎる傾向、疲れやすい ・明晰で機敏、内面に高揚した調子 ・型にはまらない行動	・進取の気質、チャレンジ精神 ・鋭い知性と強い集中力、強烈、愛情豊か ・正確ではっきりした言葉、秩序的 ・色々な場面で指揮をとる、とろうとする ・体力、金銭、時間、行動を効率的に使う ・豪華なものに金銭を惜しまない ・強い意見持ち議論好む。視覚的に反応 ・若白髪、禿げる傾向、中程度の体格	・優れた体力と持久力 ・おだやかで、すぐには怒らない。落着き ・自分のまわりを平和に保ちたいと思う ・愛情にあふれ、寛大で情け深い性格 ・親身になって考え、他人の気持ちを尊重 ・決断する前に長い間じっくり考える ・もの覚え遅いが、記憶の保持に優れる ・スタミナ最も優れ、安定したエネルギー
増加した場合	・悩み、不安、活動しすぎる心 ・不眠、浅い睡眠 ・心の焦点定まらない、衝動的 ・就寝時間など生活習慣不規則 ・お金、言葉、エネルギーなど なんでも浪費する傾向 ・無理をし、慢性的疲労 ・便秘、腸内ガス、腰痛	・ストレスで怒りやいら立ち ・闘争好き、野心的、他人批判 ・短気、人に厳しく完璧主義 ・強引、専制的な振舞い ・人の意見にさからう ・嫉妬、無遠慮、待てない ・血走った目、炎症、そばかす ・胸やけ、胃酸過多、潰瘍	・頑固、鈍感、無気力、不活発 ・対人関係で他人に従属的 ・過保護となりやすい ・ぐずぐずする、過度の執着 ・変化を受け入れられない ・貪欲、独占しようとする ・所有、貯え、節約に過剰価値 ・肥満、アレルギー、糖尿病

（ディーパック・チョプラ著「クォンタム・ヘルス」春秋社より作成）

ヴァータ体質は右脳＝B型に対応する

第一にヴァータ体質であるが、ヴァータ体質の人の特徴は以下の通りである。

・軽く細い体格
・動作がすばやい
・空腹と消化が不規則
・浅くとだえがちな睡眠
・熱中・快活・想像力
・興奮しやすい
・気分が変わりやすい
・新しいことを覚えるのは早いが忘れるのも早い
・疲れやすい
・がんばりすぎる傾向
・心や体のエネルギーが一気に出る

こうしたヴァータ体質の特徴は、血液型気質分類におけるB型の特徴ときわめてよく重なる。もちろん、対応する脳は右脳である。以下に対応関係を見ていくことにする。

検証1　ヴァータ体質は「動作がすばやい」

血液型でB型は、未知の行動に移る時もためらわず早い。その長所として「決断と実行・行動的である・エネルギッシュ」の面を持つ。第一番目の一致点である。

検証2　ヴァータ体質は「熱中、快活」

血液型B型は、その気質として「興味を持つ範囲は広く、中で一つのことに興味を執着しやすく」、長所として研究熱心、好奇心や探究心が強い。一方、短所として、興味ある時だけ熱中、とある。つまり熱中しやすい。

また、B型は「感受性が高い。感情表現豊か。表情がある」、「開放性。親しみやすい。単刀直入」、あるいは「常に前向きである。未来に青写真を持つ。開拓精神がある」などの長所を持つ。これは、ヴァータ体質の「熱中、快活」と同意義と解釈してよいだろう。

検証3　ヴァータ体質は「想像力豊か」

想像力、連想力を必要とするSF作家にA型はほとんどいない。いてもごくわずかで、想像力を創作の源とするSF作家にB型が多いことを想起いただければ、B型がアーユルヴェーダのヴァータ体質に相当するというのはご理解いただけるものと思う。見事なまでの一致点である。

検証4　ヴァータ体質は「気分が変わりやすい」

この点など同一性の最たるもので、血液型B型も思考の揺れが大きく、気分が変わりやすい。なぜかというと、血液型B型の主座である右脳はアナログ脳で、デジタル的な思考の左脳と異なり、絶えず揺れる波のような思考をする。このため、一度決めたことでも時間がたつと迷いが生じ、約束を変更するということもしばしばとなる。これでは約束した相手側は振り回され、「気分屋だ！」と批判することになる。B型はこうした欠点を充分に自覚して改善に努めるべきだが、この「気分が変わりやすい」という特徴も、アーユルヴェーダのヴァータ体質と血液型B型の強力な一致点である。短所として「お天気屋・気分屋」とあるほどである。

検証5　ヴァータ体質は「新しいことを覚えるのは早いが、忘れるのも早い」

Ｂ型は、過去にとらわれないという気質が「忘却」に拍車をかけている面があり、そういう意味で「忘れるのも早い」。

一方、Ｂ型の主座である右脳は、ある二、三の事実から直感的に全体を把握する能力にまさる。これは、一歩一歩納得し順序を踏みながら細かく判断を積み重ねていくA型の左脳思考に対し、新しいことへの理解が早いという効果を持つ。理解が早ければ覚えるのも早いのは当然で、結果として右脳派＝Ｂ型は新しいことを覚えるのは早く、忘れるのも早いということになる。この点もヴァータ体質と血液型Ｂ型の強力な一致点である。

検証6　ヴァータ体質は「悩みが多い」

Ｂ型は、アナログ脳たる右脳を優位脳としているためであろうか、過去にとらわれない気質を持つ反面、「すんだことにややこだわり、悲観的になる」という傾向を併せ持つ。自分自身の内面と向き合って結論の出ないことにも思い悩む結果、ヴァータ体質の「悩みが多い」という指摘と一致すると思われる。

検証7　ヴァータ体質は「心や体のエネルギーが一気に出る。感情が一気に噴き出す」

B型は「全体思考で結論へ飛躍的」である。これは心と体のエネルギーが一気に出るためといってよいだろう。感情面でもB型は、心の一部に覚めた客観性を保つ反面、時に「癇癪持ち」とされるように感情が一気に噴き出す傾向を持つ。アーユルヴェーダのヴァータ体質と血液型B型の一致する点である。

検証8　ヴァータ体質は「あらゆる知覚に関与するが、なかでも聴覚と触覚が主」である

左手は、感覚器官として右手に比べ敏感である。点字は左手で読んだ方が早く、複雑な形もわかりやすいという。つまり、右脳側は触覚において優れているが、ヴァータも同様である。また、言語を処理するのは左脳であるが、音楽的なリズムは右脳で処理するものと思われる。これは、右脳に電気ショックを与えて麻痺させると患者の声の抑揚がうすれ、一本調子で艶がなくなることからの推定である。

音楽的なリズム感は、言葉の発生・発達に先行した聴覚を元にした感覚である。一九七八年のデッチという人の研究においても、音の高低の記憶の成績は、左利きの方がよい（左利きのエラー率三四％、右利きのエラー率は四二％）という結果が出ている。

以上のことから、右脳は聴覚と触覚に優れるという結論となる。右脳がアーユルヴェーダの

ヴァータ体質と対応する有力な証拠である。

検証9　ヴァータ体質は「型にはまらない行動」をとる

これは血液型におけるB型の気質そのものである。五千年以上の歴史を持つアーユルヴェーダの観察眼には恐れ入るが、ピタリと言い当てた特徴が、血液型のB型気質とこれほどまでに重なるのは、ヴァータ体質とB型気質とが全く同一のものを指している証拠である。

以上の通り、違いを探すのは困難なほど、アーユルヴェーダのヴァータ体質の特徴は血液型B型の気質と一致する。

五千年以上の歴史を持ち、重要な東洋医学の一つとしてギリシア医学や西洋医学に影響を与えてきたアーユルヴェーダの体質分類が、日本で蓄積された血液型の気質分類とここまで一致することは、偶然ではありえない。脳との対応も含めて、三者の一致を科学的に証明する時期にきているといえる。

ピッタ体質は前頭葉＝O型に対応する

さて次は、アーユルヴェーダにおけるピッタ体質である。これはヴァータ、ピッタ、カパの三つのドーシャの中でも、最も血液型気質と対応する。その対応ぶりは、いちいち説明の必要性のないほどで、疑う人は、先のアーユルヴェーダの体質一覧表をご覧いただきたい。ピッタ体質は「進取の気性、鋭い知性と強い集中力、正確ではっきりした言葉、強い意見をもち、議論を好む」とあり、増えすぎた場合の特徴として「闘争好き、野心的、ストレスを受けると怒りやいら立ち、強引・専制的ふるまい、人の意見にさからう」とある。

以下に比較するように、ピッタの対応する血液型エネルギーはO型である。脳でいえば当然、前頭葉ということになる。それでは、その対応関係を見ていくことにしたい。

検証1　ピッタ体質は「ストレスを受けると怒りやいら立ちの傾向」を示す

動物実験で、「テストに失敗する」というストレスを受けたチンパンジーは怒って暴れ、テストを拒否することが多くなったが、前頭葉を切除するとおとなしくなった。血液型でもO型は、頭を抑えられるのを嫌い、それがストレスとなるのか、「けんか早く、反抗的」とある。アーユルヴェーダのピッタ体質の人は「ストレスを受けると怒りやいら立ちの傾向を示す」とあり、血液型O型の気質傾向と全く一致する。

検証2　ピッタ体質は「進取の気性とチャレンジ精神が旺盛」である

この気質は、全く未知のものへの挑戦という意味では、O型気質の強いB型にもよく当てはまる。それでもO型の「勝負師性・目的志向性・利害損得を根底にすえた決断力」を考えると、やはりO型気質が基本にあってのことと思われる。実際、O型のこれと定めた時の粘り強さと目的志向性の強さは抜群で、進取の気性とチャレンジ精神に富む。これもアーユルヴェーダのピッタ体質と血液型O型とが一致する点である。

検証3　ピッタ体質は「正確ではっきりした言葉」を話す

脳の領域で「発語」に関係するのは前頭葉左脳側のブローカの領野である。したがって前頭葉を主座とするO型は「歯切れよく、はっきりした言葉をしゃべる。声もよく通る人が多い」ということは先に述べた。ピッタ体質の人も「正確ではっきりした言葉をしゃべる」ということで、疑う余地のないほどアーユルヴェーダのピッタ体質と血液型のO型が対応する部分である。

検証4　ピッタ体質は「いろいろな場面で指揮をとる。あるいは指揮をとるべきだと思う」

ピッタ体質の人は色々な場面で指揮をとろうとするし、とるべきだと考える。

一方、O型は気質として権力志向が強く、よくいえば親分肌の面がある。集団の長を目指していろいろな場面で指揮をとろうとするのは、A型でもB型でも前頭葉のO型気質によるものといえるが、アーユルヴェーダのピッタ体質も全く同じ特徴を示している。

検証5　ピッタ体質は「若白髪、ハゲる傾向」

五千年以上の歴史を持つアーユルヴェーダが、こんなことまでピッタ体質の特徴として観察していたとは驚きである。もちろん、対応する血液型O型にハゲの人が多いことは先に述べたとおりである。

検証6　ピッタ体質は「秩序的であり、体力・金銭・行動を効率的に使う」

どの血液型でも見習いたい特徴だが、こうした傾向は、もちろん知性を磨くことのできたO型である。

検証7　ピッタ体質は「豪華なものに金銭を惜しまない」

O型は自己顕示欲が強いためか、一流好みの面があり、一流を象徴する豪華なものには金銭を惜しまない傾向を持つ。この点でもアーユルヴェーダのピッタ体質は血液型O型の気質と対応する。

検証8　ピッタ体質は「強い意見を持ち、議論を好む」

血液型においてもO型は自己主張が強く、しゃにむに相手の同感を勝ち取ろうとするところがある。長所として「目的志向性の強さ、意思が強い」。短所として「素直でなく強情。すぐ張り合う」など闘争心の強さを示す傾向が見られる。また、脳においてもO型の主座とする前頭葉は「自己主張、自己中心の座」であった。アーユルヴェーダのピッタ体質と全く一致する点である。

検証9　ピッタ体質は「ものを見通す鋭い知性と強い集中力」に優れる

O型は記憶力・学習性・目標達成能力に優れるが、過去の経験と知識、直感や感情、利害得失も考慮して現実的な行動を選択するという「知性」の働きも、やはりO型気質の主座である前頭葉によるものである。

人が課題にぶつかって何かを考える時、現在と過去の情報を組み合わせて再構成をおこなっているが、そのためには過去の記憶を必要に応じて呼び出し、一時的に蓄えておく必要がある。この記憶の一時的呼び出しをワーキングメモリー（作業記憶）といい、前頭葉が担っている。

つまり、前頭葉は現在の情報とそれに関連する過去の記憶をひきだして整理統合し、利害得失を予測して行動選択するというきわめて高度な情報処理を行っている。これは、理性や論理だけの左脳、感性や先天的素質にたよる右脳と比べても、人間が獲得したより高度な能力＝知性だといえる。

この知性に優れているという点で、血液型O型とアーユルヴェーダのピッタ体質は共通している。もちろん、どの血液型もO型気質を持っていることは当然である。

検証10　ピッタ体質は「強引、専制的なふるまい、人の意見にさからう」

ピッタ体質は、増えすぎると「強引、専制的ふるまい、人の意見にさからう」という傾向を示すという。O型も「実行力あり。有能やり手。意志が強い」という長所の反面、「強引。手段を選ばない」と、ピッタ体質と同様の側面を持つ。

O型の強引な面が出た例として、プロ野球界で今は引退したが、江川卓が挙げられる。巨人軍に入りたいがためにO型の江川は、当時のドラフト制の盲点であった「空白の一日」を強引に利用して不評をかった。

また最近では、インサイダー取引で莫大な利益をあげ、逮捕・起訴された村上ファンドの村上世彰もO型である。

彼は、ライブドアのホリエモンにニッポン放送株の買収を強く勧め、株の購入が進んでないことを知ると、急ぐよう何度も催促した。そしてライブドアが買収を進めると、今度は一転して自ら売り逃げをはかった。その強引さ、手段を選ばない専制的ふるまいはピッタ体質の悪い面が出た例といえよう。日銀総裁をも広告塔として巻き込んだ策略的悪知恵は、進化した前頭葉を悪いほうに使った例だといえる。

以上、アーユルヴェーダのピッタ体質と血液型O型との一致点の主だったものを挙げてみた。前掲の表では、増えすぎによる欠点の増加も記してあり、それらをチェックしていただければ、アーユルヴェーダのピッタ体質が血液型O型の気質と一致することは一目瞭然だといってよいだろう。

カパ体質は左脳＝A型に対応する

さて、アーユルヴェーダにおける最後のカパ体質と血液型との対応である。これは当然、残されたA型が対応する。カパ体質の特徴を先にしてA型気質との対応をみてみよう。

検証1　カパ体質は「優れた体力と持久力、安定したエネルギー」

アーユルヴェーダのカパ体質の人は、優れた体力と持久力を有するという。血液型でマラソン競技の一流選手にA型が多かったように、体力・持久力はA型が一番である。カパ体質＝A型の典型例である。

検証2　カパ体質は「おだやかで、すぐには怒らない。自分のまわりを平和に保ちたいと願う」

アーユルヴェーダでカパ体質の人は、自分のまわりを平和に保ちたいと願い、おだやかですぐには怒らないという。A型もやはり、穏やかで、人間関係の平穏を望む面が強い。この点でもアーユルヴェーダのカパ体質と血液型A型とはピタリと一致する。

検証3　カパ体質は「本当に人の身になって考え、他人の気持ちを尊重する」

アーユルヴェーダのカパ体質の人は「本当に人の身になって考え、他人の気持ちを尊重する」という。血液型A型も同じで、こうした素晴らしい傾向を示す。A型は周囲や相手に気を配るタイプで、「思いやり、サービス精神豊か」とある。

検証4　カパ体質は「愛情にあふれ、寛大で情け深い性格」

カパ体質の人は「愛情にあふれ、寛大で情け深い性格」だという。この点も、バランスが良い場合の血液型A型の長所と見事に一致する。

こうしてみると、アーユルヴェーダによる体質分類がインドにおいて生成・発展したためか、一般的にカパ体質＝A型への評価が高い。これは、インドでは血液型B型が四〇％と圧倒的に多く、A型はわずかに二一％（O型は三一％、AB型は八％）しかいないということと無関係ではないだろう。A型は左脳のデジタル思考を特徴とするためか時に「心が狭い、了見が狭い」などの欠点がある。だが、これではB型の多いインドでは生きていけないものと思われる。そのために、逆にA型の良い点が一層引き立ってくるわけである。

検証5　カパ体質は「決断する前に長い間じっくり考える」

カパ体質の人は決断する前に長い間考えるというが、これも説明の必要のないほど、血液型A型の気質特性そのものである。A型は時に「石橋を叩いても渡らない」ほどの慎重さを持つ。

検証6　カパ体質は「もの覚えが一番遅い。新しい知識に理路整然と取り組み、ゆっくり吸収」

アーユルヴェーダのカパ体質の人はもの覚えが一番遅い、なぜなら新しい知識に理路整然と取り組み、ゆっくり吸収するからだという。

先にも挙げたとおり、右脳は二、三の断片的事実から直感的に全体を把握する能力にまさる。結果として、新しいものへの理解や取り組みも早い。一方、左脳を優位脳とするA型は、一歩一歩納得し、順序を踏みながら細かく判断を積み重ねていくタイプである。そのため、新しいことの吸収はゆっくりとなる。

ただし、これには注釈が必要で、「物覚えが一番遅い」というのは、右脳や前頭葉が全く働かないタイプのA型である。現実には全く右脳や前頭葉が働かないA型などいないので、A型がいつでも物覚えが一番遅いということにはならないのでご安心いただきたい。

検証7　カパ体質は「対人関係で他人に従属的・過保護的となりやすい」

これはカパ体質がアンバランスの場合の特徴であるが、A型でも短所として「ごもっとも」タイプが多く、他人に従属的となる人が多い。

これに関連して、少し前、若者たちに「指示待ち人間」が増えたと話題になった。「指示待ち人間」とは、上司や他人に逐一指示されないと自分では行動できない人を指す。A型に限らず、左脳偏重となると、こうした指示待ち人間が増えてくる。指示待ち人間は「対人関係で他人に従属的」とほぼ同じ意味で、アーユルヴェーダでは五千年以上前からこうした左脳の特徴をカパ体質という表現で見抜いていたことになる。恐るべしインド、である。

また、「他人に従属的」の裏返しが「過保護、すなわち他人（または子供）を従属させたがる」で、カパ体質は一般的に母性的性質とされている。

検証8　カパが増え過ぎると「鈍感・不活発・怠慢」となる

アーユルヴェーダのカパが増え過ぎると鈍感、不活発、怠慢になるという。この表現は血液型気質の知識からは理解困難であろう。なぜなら血液型においては、集団ならともかく個人について、「A型が増えすぎたり、B型が増えすぎると…」という表現はありえないからである。アーユルヴェーダでは、「すべての人間に三つのドーシャが働いている」ととらえるから、「カパやピッタが増えすぎる」ということが生ずるのである。
この説明は、脳で考えるとわかりやすい。人はB型でもA型でも皆、右脳・左脳・前頭葉を持つ。だから、人によっては「左脳偏重」ということが生じてくる。左脳偏重はアーユルヴェーダでいうところの「カパの増え過ぎ」である。

時間によって変化する三つのドーシャの活動期

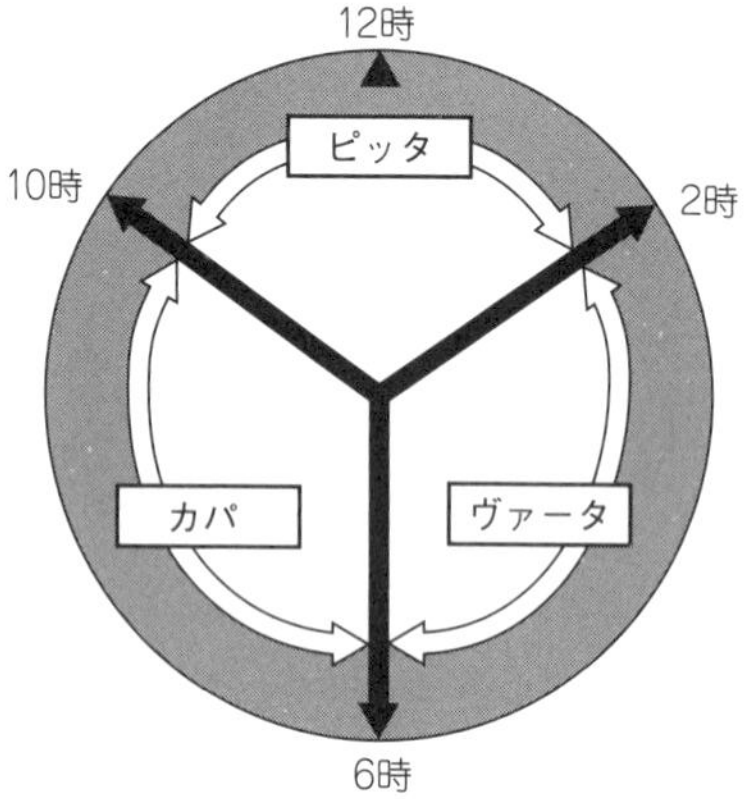

一日のうちに、午前午後とこのサイクルを2回転する
（幡井勉氏「アーユルヴェーダ健康法」ごま書房より）

つまり、初めに述べたとおり、「ABO式血液型とはそれぞれの優位脳で思考することを促すエネルギー」である。
そう理解して話を進めると、血液型でもA型は「杓子定規《しゃくしじょうぎ》、事なかれ主義、消極的、命令されたことをやるだけ」とある。まさにA型エネルギーが増え過ぎて左脳偏重となった場合の欠点で、カパの増え過ぎと一致する。

検証9　カパとA型に共通する「目覚めのよさ」

アーユルヴェーダによれば、私たちの体の中には量子力学的な「波のサイクル」があるという。その波は一日二回あり、夜明けとともに「カパ・ピッタ・ヴァータの順で四時間ごとに訪れる」という。

現代脳医学によれば、深夜、夢を見るのは右脳側である。夢は後頭部から前頭部に向けてさざ波のように押し寄せるが、その間、左脳はほぼ活動を停止し、夜明けとともに左脳が活動し始める。

つまり、左脳優位のA型は、夜明けとともに「フル活動の状態」に入りやすいと想定されるが、これは血液型の観察と全く一致している。A型は「一般的に朝の目覚めがよく、フトンの中でぐずぐずすることはなく、目が覚めるとすぐ活動状態に入る」からである。もちろん、アーユルヴェーダにおいても「夜が明けると一日はカパの時間から始まる」から、こうした微細点まで、アーユルヴェーダと血液型、脳の研究の三者は一致していることになる。五千年の歴史をもつアーユルヴェーダの観察力に改めて感心するが、「A型＝左脳優位＝カパ体質」の強力な証拠である。

検証10　カパ体質が増え過ぎると「愚図愚図する」

アーユルヴェーダのカパが増えすぎると愚図愚図するというが、血液型でもA型の短所が出た場合、行動の慎重さが行き過ぎて「愚図愚図して煮えきらない」と、カパが増えすぎたのと同じ症状を示す。

「カパが増え過ぎる」とは、左脳偏重になることである。組織でも細かい規則ばかりが多くなって形式的になると、本来の存在意義や目的が忘れられるようになり、「左脳偏重＝カパ増え過ぎ」となりやすい。その弊害は、停滞した大企業や官僚型組織に典型で、「愚図愚図する、杓子定規、事なかれ主義、鈍感、不活発、怠慢」といった「官僚病」というべき兆候を示す。

脳と血液型、アーユルヴェーダ、ドーシャの対応

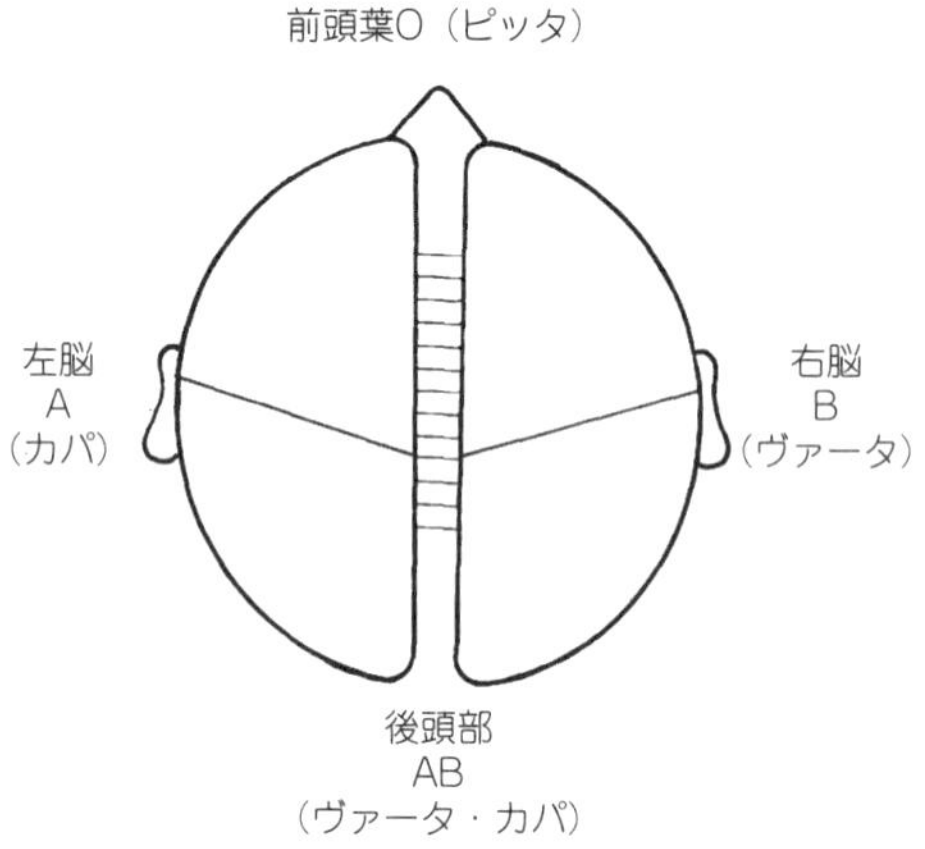

検証11　カパが増え過ぎると「変化を受け入れられない、頑固」

カパが増え過ぎると、「鈍感、不活発、怠慢、愚図愚図する」のほか、「変化を受け入れられない、頑固」という特徴を示す。血液型でもA型は「融通性がない、石頭、保守的」と、変化を受け入れられない傾向が見られる。いずれも左脳偏重の欠点で、アーユルヴェーダのカパ体質＝A型の証明である。

こうして見ると、血液型気質の研究でそれぞれの「短所・欠点」とされた傾向は、アーユルヴェーダにおいては、そのほとんどが三つのドーシャのアンバランスによるものだと説明される。特に、その人独自のあるべきバランスを欠いてどれかのドーシャが増えすぎた時、体調の悪化も含めて、感情面・行動面でよくない傾向を示す。

血液型もアーユルヴェーダによる気質分類も、基本的には一生変わらない（まれに変わるケースもある）。要は自らの気質・体質をよく知って「自身のバランスのよい状態」を維持すること、家族や組織などの集団にあっては、それぞれの欠点を突くよりは長所を伸ばして互いのチームワークがうまくいくよう認め合う精神が必要と思われる。

第三章 優位脳と血液型による民族分類

アーユルヴェーダの三つの体質分類と血液型気質を対応させてみると、その見事な一致ぶりに読者も驚かれたに違いない。先にも述べたが、アーユルヴェーダは「生命の科学」として最古の歴史をもち、中国医学やギリシア医学、ひいては西洋医学に影響を与えてきた。その奥深さ、歴史の長さ、実績の多さは血液型気質分析の比ではない。

長い歴史をもつアーユルヴェーダの三つの体質分類が血液型の気質分類とほぼ同じということは、血液型による気質分類がたんなる妄想や占い、刷り込みなどの類ではないことを示している。

もちろん、一人の人間の性格や気質が血液型だけで決定付けられるわけではない。しかしながら、優位脳との関連を考えるにつけ、今後、科学的に対応関係を究明すべきものと考える。

さて、今度は血液型に働くエネルギーによる民族分類である。血液型による個人の気質分類さえ科学的市民権の確立はまだという状況なのに、民族の気質分類まで試そうというのは無謀かも知れない。

しかし、本書のこれまでの指摘のように、右脳・左脳・前頭葉のいずれが優位であるかは血液型のB型・A型・O型のエネルギーと対応している。この前提と、民族別に血液型構成が著しく異なる事実を鑑みれば、血液型を通じてのエネルギーの質的な差が民族にも働いていると考える方が妥当だろう。

もちろん、民族ごとに言語や宗教は異なり、歩んだ歴史も異なるなど、民族の気質を決定する要因は単純ではない。だが、これまでの指摘から血液型と脳との対応関係を知るならば、血液型による民族分類を検討することは大いに意義あることと考える。

この血液型民族分類を行うにあたっては、再度、アーユルヴェーダの知恵を借りることにする。アーユルヴェーダは五千年の歴史を持つだけあって、わずか百年の歴史しかない血液型知識に比べ、実によく体系化されているからである。

世界の国々の血液型分布

国名	O	A	B	AB	A/B	国名	O	A	B	AB	A/B
インド	31	21	40	8	1.90	フィンランド	37	46	17	6	0.37
タイ	39	22	33	6	1.61	コロンビア	61	27	10	2	0.37
アフガニスタン	49	18	29	4	1.61	トルコ	32	43	16	7	0.37
ベトナム	43	22	30	5	1.36	ギリシャ	43	39	13	5	0.33
ビルマ	35	25	32	8	1.29	ブルガリア	32	45	15	8	0.33
パキスタン	34	25	31	10	1.24	英国（スコットランド）	52	34	11	3	0.32
中国	31	27	32	10	1.18	イタリー	44	39	12	5	0.31
イラン	36	28	28	8	1.00	オーストリア	39	44	13	4	0.30
クウェート	47	24	24	5	1.00	アメリカ	46	40	11	4	0.28
インドネシア	40	27	29	7	0.95	オーストラリア	48	39	10	3	0.26
フィリピン	45	26	24	5	0.92	ブラジル	47	40	10	3	0.25
イラク	37	30	29	7	0.87	アルゼンチン	47	40	10	3	0.25
台湾	44	27	23	6	0.86	レバノン	36	47	12	5	0.25
モロッコ	42	29	23	7	0.79	デンマーク	41	45	11	3	0.24
韓国	26	36	27	11	0.75	ドイツ	41	45	10	4	0.22
エジプト	36	34	24	6	0.71	オランダ	45	43	9	3	0.21
ネパール	30	37	24	9	0.65	英国（イングランド）	47	42	8	3	0.19
日本	31	38	22	9	0.57	ベルギー	46	43	8	3	0.19
ロシア（モスクワ）	34	38	21	7	0.55	ノルウェー	38	50	9	3	0.18
チェコスロバキア	34	38	19	9	0.50	ポルトガル	41	48	8	3	0.17
ポーランド	33	39	19	9	0.49	フランス	46	44	7	3	0.16
ハンガリー	30	42	19	9	0.45	スペイン	44	46	7	3	0.15
イスラエル	36	41	17	6	0.41	スウェーデン	40	46	7	3	0.15
ルーマニア	26	47	19	8	0.40	スイス	40	50	7	3	0.14

（「人類の血液型分布」オクスフォード医学出版より作表）

アーユルヴェーダのドーシャによる再検証

アーユルヴェーダの教えるところによれば、具体的な個人が、ただ一つのドーシャ体質を持つのはまれである。多くの人々は三つのうち二つのドーシャが優勢な体質を持つ。単一のヴァータ体質もしくはカパ体質、ピッタ体質だけを優位に持つ人は「単一ドーシャ・タイプ」といい、その数はきわめて少ない。大半の人は二つのドーシャが優勢になっている「二ドーシャ・タイプ」に分類される。まれに三つのドーシャをほぼ同じ割合で持つ「三ドーシャ・タイプ」（均等タイプ）もある。それらは、タイプ別に一〇に分類されるという。

このことを血液型に置き換えれば、B型・O型・A型のそれぞれのエネルギーだけを優位に持つ「単一血液型気質タイプ」はきわめて少なく、大半は三つの血液型エネルギーのうちの二つを優位に持ち、まれにB・O・Aの気質をほぼ同じ割合で持つ人（BOA均等タイプ）がいる、ということになる。

よく、血液型気質分類を批判する人で、「B型・O型・A型の気質をほぼ同等に持つ人はどう説明されるのか」という人がいる。そのような問いには、「二つの気質を持つ人が大部分を占め、時に三つの気質をほぼ同等に持つ人もいる」というアーユルヴェーダの理論を紹介すれば納得いただけるだろう。血液型エネルギーは脳と対応するわけだから当然といえる。

アーユルヴェーダの体質10類型

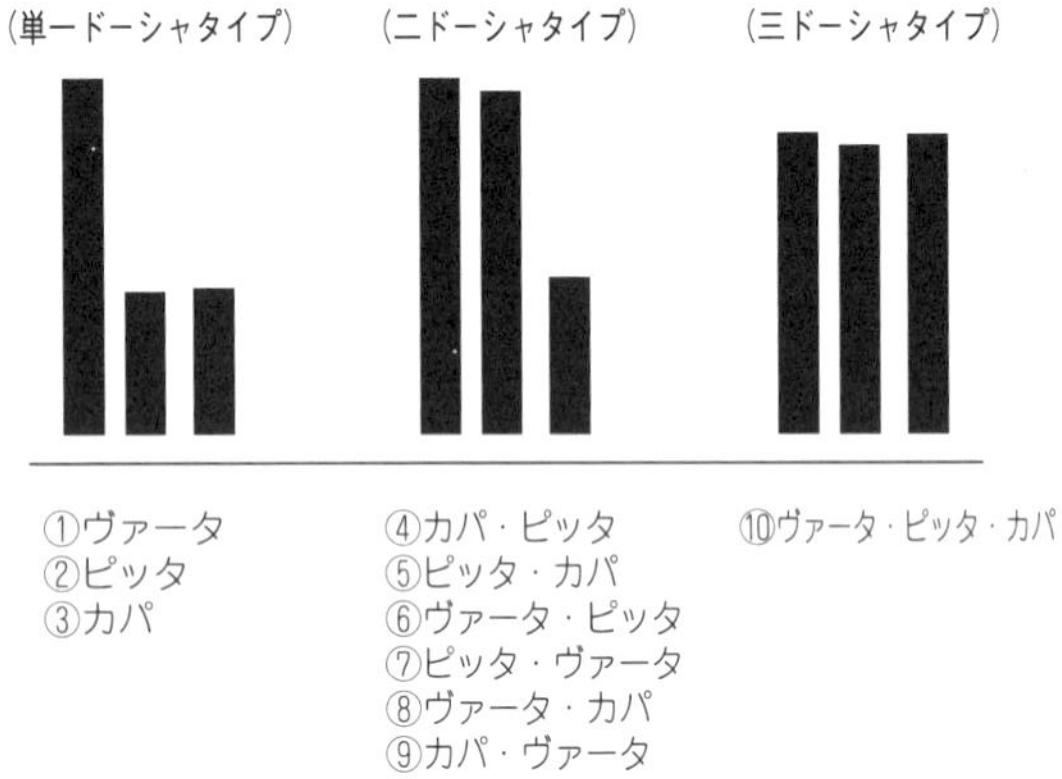

（高橋和巳「アーユルヴェーダの知恵」講談社より）

二つのエネルギータイプを血液型に置き換えてみる

さて、個人において二ドーシャ・タイプが大部分だということは、民族においても同様だと推定される。血液型に置き換えた場合、B型、A型の単一タイプはBB型、AA型と表現される片寄ったエネルギータイプとなる。O型気質が薄いと、個人でも自己主張は少なく存在感は薄いし、左右脳は一方に片寄ってそれぞれの悪い面ばかりが目立ってくる。

その例として、BBタイプの民族ジプシーが挙げられる。世界の民族の中でB型が最も多く記録されたのはジプシーとモンゴル人で、いずれもほぼ四〇%である。その共通点は「移動性」にあり、ことにジプシーの放浪性は有名である。

ジプシーは民族音楽や舞踏、民芸品など器用な民族であるが、一方で軽犯罪も多い。O型やA型が極端に少なくなると、安定性や定着性に欠け、ルールに対する厳格さが乏しくなる好例といえよう。

一方、A型ばかりでO型・B型が極端に少ないのも問題である。この典型例としては、アメリカのアーミッシュなどの宗教集団があげられる。一般に、アメリカ人のA型の平均は四〇%前後であるのに対し、インディアナ州、オハイオ州のアーミッシュはA型がそれぞれ六五%、五四%と平均値を大幅に上回る。ペンシルバニア州のダンカーもそうで、こちらもやはり宗教集団の名前である。

アーミッシュはキリスト教プロテスタントの一部で、ヨーロッパのスイスあたりからアメリカに移住してきた。その特徴は厳格な戒律と平和主義で、今でも機械は用いず、身に余計な装飾はまとわず、服の色は黒に決められている。人は絶対に殺さないという思想で、兵役にも抵抗する。A型が過剰になると、このように徹底して禁欲的な戒律を厳守することで共通項を見出す集団となりやすい。

もう一つのO型単一タイプも、やはり問題がある。このタイプは、小脳はさほど働かず、左右脳も未分化と考えられ、創造性や科学的思考、厳密な分析を必要とする作業に不向きである。アメリカ・インディアンはO型が九九%近くを占め、O型単一タイプの典型例である。その生き方や生活思想などは高く評価されるとしても、彼らが人類の歴史において何らかの重要な役割を果たしてきたとはいい難い。

このように、単一血液型タイプを民族別にみると、どれか一つが突出して他の二つを圧するほどに片寄るのはバランスに欠ける。

ジプシーやアーミッシュ、アメリカ・インディアンなどの血液型構成を見るにつけ、血液型で民族分類をしようとする筆者の試みは十分ご理解いただけるものと思う。どのようなデータをつきつけられても、既存の枠組みや方法に合致しなければ検討も了解もしないというのでは、真に科学的態度とはいえない。

以上を踏まえて、血液型気質別の民族分類を扱っていきたいと思う。

具体的には、エネルギーの優勢な二つの血液型によって分けるやりかたで、「AOタイプ」「BOタイプ」「OAタイプ」「OBタイプ」「ABタイプ」「BAタイプ」の六分類となる。つまり、アーユルヴェーダ同様、一〇分類の中からB・A・Oの各単一タイプとBAO均等タイプの四つを除いたものである。

AOタイプ＝西洋型

第一にAOタイプである。民族的にA型が強く、次いでO型の強いこのタイプは、西欧諸国がその典型だといえる。世界の血液型分布でA型の割合を見ると、スイスの五〇％を筆頭に、フランス、ドイツ、イギリスと、西洋ではおしなべてA型の割合は四〇～五〇％を占める。次いで、O型は三六～四六％と、これもかなりの数にのぼる。一方、B型は、西洋全体で平均して一〇％以下である。

西洋は、脳でいえば大きく左脳側に偏っており、前頭葉がこれに続き、右脳は左脳のための手助けや補助的役割として働く形である。

現代物質文明を基礎づける産業の形成や科学技術体系は、ギリシア・ローマ以来、西洋を中心として普及・発展してきた。つまり、二十世紀前半までの世界史とはほぼ西洋史であったといってよい。その西洋がA型優位でO型がこれに次ぐというのは、どこか歴史の必然性を感じる。

そもそも左脳は物質文明の体現者である。その典型的な機能は、デジタル式のコンピューターを思い浮かべていただければよい。左脳は何でも対象物を「モノ」として扱い、分類整理し、論理や計算を積み重ねることに優れている。

一方、人の心や意識など、モノとして扱えないもの、あるいはパターンの一定しないものを扱うことは左脳は大の苦手である。これはコンピューターのプログラマーにA型が多いこと、SF作家にA型がいないことでも証明される。

こう捉えると、「近代化」という理想のもとに西洋で物質文明が花開いたのは偶然ではない。西洋人の民族タイプはAOタイプで、左脳を優位脳とする。これはコンピューターのように判断・分類がより詳細で、大容量であり、かつ処理スピードの早いほど優秀な脳であるという基準を持つ。この能力は機械を開発したり操作したりすることに向いている。蒸気機関車の発明にしろ発電機や自動車、電子計算機の発明にしろ、機械化の進展がなければ物質文明は開化しなかった。

結局、西洋がこれまでの歴史の中で圧倒的に優位を占めてきたのは、人類史の順序として、物質文明を推し進めるために、左脳優位のA型の多い地域から発展させる必要があったからだとも考えられる。

また、AOタイプの優位脳である左脳は言語能力に優れるが、その根本能力は情報の分類・整理と体系的保存である。この能力を前提としなければ言葉は発達し得ない。こうした能力は、言葉以外では多種多量のモノや情報を管理するのに向いており、施設では博物館・図書館・美術館などがこれに当たる。血液型のＡ型は、アーユルヴェーダではカパ体質で、「何でも貯える傾向を持つ」。この面からも、大英博物館やルーブル美術館など、人類の歴史的資料の数多くが西洋に収集整理されているのは必然といえる。

西洋と日本のＡ型とは異なる

ＡＢＯ式の血液型においては、通常、Ａ型と呼ばれる表現型は実はA_1型とA_2型の二種類に大別できる。遺伝子A_1型はA_2型に対して優勢で、A_2型はA_1型の亜型である。日本人におけるＡ型はほとんどすべてがA_1型で、A_2型は何万人に一人しかいない。一方、ヨーロッパではA_2型はかなり多く、A_1型とA_2型の比率は約四対一であるという。ヨーロッパでは、このような事実からＡＢ型もA_1ＢとA_2Ｂに分け、ＡＢＯ式血液型の表現型を六つの型に分けているという。

注目すべきはA_2型の特徴で、西洋に多い亜型のA_2型は、A_1型の血球に比べてＢ型に対する凝集性が弱い。一般に、西洋人にはＡ型でもＡＢ型でもＯ型の性質がかなり強く存在するという。これは、脳でいえばA_2型の多い西洋人の左脳は、右脳からの情報発信により素直かつ謙虚であることを示している。なぜなら、血液型におけるＡ型とＢ型の互いの凝集性は、左脳と右脳の間の反発力を示すと考えられるからである。

AOタイプはカパ・ピッタ体質

AOタイプに相当するアーユルヴェーダの体質は、カパ・ピッタ体質である。この体質の人は優れた筋肉系を持ち、脂肪の割合が大きく、動作がゆっくりでくつろいでいるという。ヨーロッパ人全体を見て、体格ががっしりして脂肪のついた人は多く、また動作のゆっくりした人が多い。これはカパ・ピッタ（AO型）体質の特徴をきわめてよく表しているといえる。

もちろん、ひと口に西洋といっても一様ではない。イタリアでは、北部のA型は約四五％を占めるが、南部では三三％ほどに落ち込む。そのぶん、O型やB型の割合は増える。これなど、北部イタリアの折目正しい気質に対して、南部イタリアの情熱的な激しさや放縦な気質を示しているといえる。

イギリスではO型がA型を五％以上も上回っている。それを考慮に入れても、西洋という共通の基盤の方が大きく、左脳優位・前頭葉追随のAOタイプに分類できると考える。

BOタイプ＝インド型

次にBOタイプである。このタイプは、脳でいえば右脳優位で前頭葉がこれに続き、左脳は相対的に最も劣勢である。ヨーロッパに較べて、アジアは全般的にB型が多い。ことにインド・

モンゴル・中国北部・朝鮮などは、B型の割合が三〇％〜四〇％を占めるB型ゾーンといってよい。その中でも、インドはB型が多いだけでなく、本書で何度も取りあげているアーユルヴェーダもインドが発祥である。このため、BOタイプの典型例としてインドを取り上げ、検証する。

左脳は物質文明の担い手であり、一方、右脳は精神文明の担い手である。これまでの歴史の中で、インドも含めたアジアは近代化の点で大きく遅れ、時に左脳優位の西洋によって植民地化される時代さえあった。その歴史過程は別に検証するとして、ここでは精神文明とは何であるかを、インドの主要な宗教であるヒンドゥー教を通して見てみたい。

精神文明の担い手BOタイプ

俗にインドは「混沌の国」といわれる。これは宗教面にも当てはまり、国民に普及する宗教はヒンドゥー教、イスラム教、キリスト教、仏教、ゾロアスター教（拝火教）など、多彩である。その中で、ヒンドゥー教徒は国民の約八三％を占めている。

ヒンドゥー教は、紀元前一五〇〇年頃、アーリア人が北西インドのパンジャブ地方に侵入して先住部族と接触した時にはじまる。原始ヒンドゥー教は、他の文化と接触する度にこれを吸収して自らの内容を膨らませてきた。そういう意味で、ヒンドゥー教は絶えず変化のプロセスにある宗教だといえる。

そのヒンドゥー教徒の誰もが認めていることは「魂の不滅」である。人間の本質は「霊魂」であって、死は肉体が滅びただけで魂は不滅である。人間存在をこの一生のみと見るのではなく、魂が肉体に転生して生まれかわり、死に変わりゆくと考える。いわゆる輪廻・転生の思想である。

カルマ、輪廻・転生、魂の不滅

それでは、どんな行為がどんな来世につながるのか。ヒンドゥー教は一般にきわめて即物的で、「非道の行為をした者は地獄におちる」「刑罰は、自分がこの世で他人に与えた苦痛と同じ苦痛を何倍もの激しさで受ける」「借金を返さずに死んだ者は、金を借りた人の家の下男として生まれたり、牛となって生まれる」といわれる。

一方、良い行為をした人は天に行く。この天とは、キリスト教的な天国ではない。もっと現実的で、現世的な欲望が十分に満たされる世界である。良い行為は功徳を増し、悪い行いは功徳を減ずる。功徳と悪徳は増減を繰り返し、最後のバランス・シートで行く先が決まり、転生の先も決まる。

「人は何ゆえ善を為さねばならないのか」と西洋の哲学者達は考えるが、ヒンドゥー教では簡単明瞭で、自分の生活を正し、悪徳を行わず、他に奉仕することは「自分に戻ってくる」と考える。年をとり、死が近づいてきた時、「自分は功徳を積んできた。良い世界に生まれかわることができるはずだ」と考えることによって、その一生の充実していたことに感謝し、死の恐怖を乗り越えることができるという。

右のような「輪廻・転生、魂の不滅」という考えは、精神文明独特のものといえる。西洋物質文明からは決して出てこない。物質文明の極致は、人の脳を解析して組立て可能なコンピューターと捉え、人体を解剖して各部品の交換可能な精巧なロボットと捉える。肉体とは別の魂など存在しようがないし、輪廻・転生などあり得ようはずがない。果たしてどちらが本当なのであろうか。

八百万《やおよろず》の神と唯一者ブラフマン

ヒンドゥー教には様々な神がいる。シヴァ神やヴィシュヌ神は偉大な神として全インドで崇拝されているが、そのほかにも、ある村だけの「村神」や「家畜保護の神」「その土地の豊穣を司る土地神」などもいる。「河川崇拝」や「樹木崇拝」「牛などの動物崇拝」もあり、そうした意味では「八百万《やおよろず》の神」である。

だが、ヒンドゥー教の卓越したところは、こうした八百万の神々の背後に、すべての存在を超越した唯一至高の絶対者の存在を想定していることである。あまりにも偉大すぎてあらわすべき言葉がないから、仕方がないので「ブラフマン」といったり「神」といったりするが、すべての形ある神とは、この唯一者の異なる局面と働きを示すものとされている。つまり、どんな神でも結局は唯一絶対者に帰するのであり、それゆえに宗派的な争いをする必要はなくなってしまう。

インドの宗教的寛容は有名である。いずれも同じ絶対の神に至るなら、表面にどんな差があろうとも、それぞれの信徒はそれぞれの神を礼拝し、信仰を守っていけばよい。他に押しつけることも、他を避難することも必要ないと考える。

神我（真我）アートマン

加えて、ヒンドゥー教が卓越しているのは、宇宙の創造者であり絶対者たるブラフマンと各人の内奥にあるアートマン（神我・真我）とは根源的に同一であるとする点である。

このような神の立体的・多段階の認識と、神が人の内に内在するという考え方は、「現代日本の平面的・平等な八百万の神」とは異なり、人と神とを二元的に区別する西洋的な神とも明らかに異なる。それらを吸収してなお唯一至高神を背後に見、人と神との合一を可能とする。

西洋物質文明は、同時に「神や魂」の存在を認めない科学万能主義でもある。その科学万能主義の行き詰まりと並行して、日本でもあまたの宗教が乱立している。そもそも、科学によって何でも解決可能とするのも「科学万能教」という一つの宗教といってよい。いずれも「部分のみの真理」にとらわれて地球全体、生態系全体を忘れた宗教及び科学は、インドの宗教的スケールの大きさに大いに学んだ方がよい。

OAタイプ＝アメリカ型

次は前頭葉が優勢で、左脳はこれに次ぐOAタイプの民族国家である。このタイプの典型例としてアメリカを取りあげる。

アメリカは北極圏のエスキモーや内陸部のアメリカ・インディアンを除けば、すべて他国からの移住者とその子孫から成る多民族国家である。しかし、その大きな母体が西洋人であることは間違いない。ところが、その母体であるところの西洋ではA型が最も多いのに対して、アメリカでは、どの州においてもO型がA型を上回っているのである。まことに見事な逆転というほかない。アメリカ人はO型優位のOAタイプとする第一の理由である。

アメリカ人は絶えず外部に敵をつくり出し、怒りと批判をそれに向けたがる国民性を持つことは、しばしば指摘される。その対象は、第二次大戦後の長い間はソビエトであったし、ソビエト崩壊後はイラクなどであった。これも、攻撃性を内に持つ前頭葉優位で、左脳がこれに次ぐOAタイプのせいだと考えれば納得がいく。

強引な政治手法はピッタ優位からきている

先の大戦後、六〇年以上にわたってアメリカは西側諸国のリーダーとして世界に君臨してきた。今後もその役割は当分続くだろうが、その能力は、国力が豊かであったというだけでなく、アメリカが、前頭葉を首座とするピッタ体質の民族でもあったためということができる。アーユルヴェーダによれば、ピッタ体質（O型）は「色々な場面で指揮をとる。あるいはとるべきだと考える」からである。

ピッタ体質は「進取の気性とチャレンジ精神が旺盛」である。アメリカの「パイオニア精神」は建国の理念でもある。また「豪華なものに金銭を惜しまない」のもピッタの特徴で、アメリカは一九六一年の人工衛星以来、人類初の月面着陸、スペースシャトルなど豪華なものに金銭を惜しまず、果敢にチャレンジ精神を発揮してきた。

さらに、ピッタ体質は「ストレスを受けると怒りやいら立ちの傾向」を示すし、「強引、専制的な振る舞い」をする。一九八〇年代後半以降、アメリカは何度も「強引、専制的」と思える対日圧力をかけてきた。日米構造協議による市場開放圧力、日本の公共事業への国際入札圧力、日本企業を狙い撃ちにしたスーパー301条制定、GATTやWTOを通じての農産物自由化・関税低減への圧力、金融ビッグバン圧力、外国資本が日本企業を買収しやすくするようにする会社法改正への圧力など、例を挙げれば限りがない。

こうしたことも、一九八五年を境としたアメリカの累積債務国転落と日本の貿易黒字の巨大化という「ストレスによる怒りやいら立ち」があってピッタ体質が刺激され、専制的に振る舞った結果であると考えれば説明がつく。

アーユルヴェーダによれば、ピッタ・カパ（OA型）体質は「外見上も見分けやすい。振る舞いにピッタの強烈さ、体にカパの堅固さが窺われるからで、一般に筋肉質で筋肉が隆々としていることさえある」という。

AOタイプの典型であるヨーロッパ人は、同じ堅固でも脂肪の割合が多く動作が緩慢であるのに対し、アメリカ人は動作が力強く、筋肉隆々タイプの人が多い。

また、ピッタ・カパ（OA型）体質は運動選手に特にふさわしい体質とされる。「カパの持久力にピッタのエネルギーと推進力が加わる」からである。確かに、プロ・バスケットやアメリカン・フットボール、大リーグの野球、プロレスなどを見ると、アメリカ・スポーツ界の突出したパワーの違いを感じさせる。ピッタ・カパ（OA型）体質の有力な証明といえよう。

性格面では、ピッタ・カパ体質の人は、怒りと徹底した批判の傾向を備えたピッタの力が、穏やかさや安定性といったカパの特徴よりはるかに勝っていることが多いという。この点も、アメリカ人の能動的、攻撃的な性向にピタリと当てはまる。

ＯＢタイプ＝中国型

さて、今度は前頭葉が最も優勢で右脳がこれに続き、左脳は一番劣勢であるＯＢタイプである。この典型例としては、中世までの中国が挙げられる。

前述したように、アジアは全般にB型が多く、A型は少ない。中国もこの例にもれないが、中国の歴史をひもとくと、O型気質の特徴を強く感じる。

そのことは、インドと較べるとよくわかる。インドは右脳が最優位のＢＯタイプの典型例であった。そのインドでは、宗教、哲学、医学、天文学、論理学など、各種の科学や文化が発達した。しかし、インドにおいて歴史学は全く発達を見ず、釈迦はいつ生まれたかという記録すら残っていない。

血液型B型は、ＳＦ作家はいても歴史作家は皆無に近い。右脳優位は時間的な経過を綿密にたどる歴史学や歴史分析にきわめて弱いことを、はからずもインドは民族レベルで証明しているのである。

歴史学が発達する理由

これに対して、中国民族の特徴の一つに「歴史学の発達」を挙げることができる。特に、古代から綿々と続いて史家を輩出した点では世界第一の歴史の国といってもよい。

司馬遷が前一世紀の初頭に完成した『史記』は百三〇巻もあり、紀元前八四一年以降、六百年以上も一年の間断もなく編年され、他に類例を見ない歴史書となっている。また、『史記』より古い『左伝』は前三五〇年頃の書で全三〇巻、西暦九〇年頃の書である『漢書』は全百巻、『後漢書』（四四〇年頃）は全百二〇巻、日本にもなじみが深く多くの名場面を描いた『三国志』（二九〇年頃）は全六五巻など、どれもが列国の興亡やその時代の人間像を生き生きと描いていて、質量ともに圧倒的である。

一七五〇年までに中国で出版された書物の総数は、それまで中国以外の世界全体で印刷された書物の総数を上回っていたという。その中でも歴史関係の書が最大量を誇っていた。

血液型O型は、一般に記憶力に優れることは紹介した。推理力がモノをいう歴史小説と異なって、記憶力がモノをいう歴史学の高度の発達は、中国民族が前頭葉優位のOBタイプである有力な証拠といえる。

政治理論にも優れる

中国での学問の発達は、史学だけに留まらない。古代の政治理論や処世術も世界の一級品だといえる。たとえば「孫子の兵法」として有名な『孫子』は、紀元前四八〇年頃の書とされるが、弱者が強者に勝つための独特の兵法を展開している。「始めは処女の如く、終わりは脱兎の如し」、「彼を知り、己れを知れば百戦危うからず」などの格言は、現代においてもきわめて有効な真理である。

また、前二三〇年頃書かれた『韓非子』は、古代中国を統一した秦の始皇帝が統治の基本書としたほどで、その政治技術論は「東洋のマキァベリ」ともいわれる。「統治のためには悪をも使え」という徹底した現実主義の冷厳な考えは、マキァベリ（一四六九〜一五二七）との年代差を考えると、その奥深さは計り知れない。

血液型でも、O型はいい意味で野心的で、権力志向は最も強い。こうした「政治性」「勝負師性」の強さや、「判断行動が現実的」で、反面「計算高い」という性向は、マキァベリ的な政治技術にも走りやすい。O型気質優位の中国人に符合する特徴といえる。

練り上げられた知性と懐の深さ

古代中国で花開いたのは、右のような政治技術だけではない。ごく正統な政治・哲学論についても卓越していた。たとえば、長く中国国家正統の学であった儒教思想の経典の一つ、『論語』（孔子言行録）は、政治や人生における「礼・仁・徳」などの重要性を説いた。その内容は「巧言令色少なし仁」（さわやかな弁舌、人をそらさぬ応待、そんな手合いに限って仁に遠い）、「過ちては改むるにはばかることなかれ」、「朝に道を聞かば夕に死すとも可なり」、「子曰く、政を為すに徳をもってす…」（徳こそ政治の基本である）など、簡潔で味わい深いものが多い。日本も含めて後世に与えた影響は計り知れないといえる。

前頭葉優位で右脳がこれに次ぐOBタイプは、その練り上げられた知性と懐ろの深さにおいて群を抜くといってよいだろう。

ABタイプ＝ロシア型

血液型民族分類六類型も、残すところあと二つである。そのうちの一つが、左脳が最も優位に働き、右脳がこれを補佐するABタイプで、この典型例はロシア（旧ソ連）である。

ロシアは、一九九一年のソ連邦崩壊前後の混乱から脱し、西洋社会に溶け込みつつあるかに見えたが、そうではない情報も飛び交っている。まだまだ社会的な混乱状態が続いているわけで、それ自体、ABタイプといってよいが、ここでは、評価の定まっているソ連邦時代を中心にロシア人の気質を分析していきたい。

目標達成力が劣る

ＡＢタイプと言った場合、すぐに気になるのはO型気質の薄さである。O型気質の主座である前頭葉は目的指向性が強いだけでなく、目的の達成力においても平均して最も高い。ＡＢタイプであるということは、O型気質が薄いため、目標達成力に大きく劣る欠点を持つことを示す。

ソビエトは、一九二二年十二月のソビエト連邦成立以来、何度も経済計画・社会改革計画をたててきたが、その多くは挫折した。一九二九年の第一次五ケ年計画に始まって、一九八六年からの第十二次五ケ年計画に至るまで、当初は重工業化の波に乗ってそれなりの成功をおさめたが、後半はそのほとんどが計画倒れであったといってよい。

六〇年代以降で唯一成功したのは、五〇年代後半から六〇年代にわたる月ロケットや有人宇宙船の開発、核開発であったが、一九七五年に飛んだ宇宙ロケットは、第二次大戦中ナチスドイツが開発したV2号ロケットの設計を基にしたもので、重要な改良は何もなかったといわれる。当然、それ以前のロケット技術も推して知るべしで、アメリカの科学技術者からは「計画性がなく、場当り的」と批判された。ソビエトの計画経済の失敗の原因は、官僚主義、社会主義、融通のなさなど色々指摘されている。計画不達成の場合の「学習力のなさ」は、O型気質から遠いABタイプの欠点のあらわれといえる。

ちなみに、ロシアと同じくO型気質の薄いBAタイプとしては、日本が挙げられる（後述）。日本の場合、伝統的な庶民文化としては長期の計画的行動は思考の範囲外だったと予想される。「来年のことをいうと鬼が笑う」「明日は明日の風が吹く」など、先々を予測して計画をたて、それに沿って行動することは概して不得手だったし、否定的だった。ただ、日本がソビエトと違うのは、戦後の所得倍増にしろ西洋に追いつき追い越す国策にしろ、目標をたてて行動する場合、しばしば計画を大幅に上回って目標を達成してきたことである。むしろ好ましい狂いであるが、大局観を持って計画をたて、それを着実に達成していくという点で予測がつかないところはソビエトと同じだといえる。

ちなみに、ある民族の行動能力は地球上のどの位置に住みつくかによっても変わってくる。そのことは後ほど検証してみたい。

忍耐力の源はカパ

ロシア人は忍耐強く、また熊のように鈍重だという。アーユルヴェーダで血液型A型に対応するカパは「最も持久力・スタミナに優れる。また、アンバランスの時のカパは頑固・鈍感・鈍

われている。

重となる」。ロシア人の気質には、まさに良い面でも悪い面でもカパ（Ａ型）優位の特徴があら

カパ・ヴァータ体質の諸相

アーユルヴェーダによれば、血液型ＡＢタイプに相当するカパ・ヴァータ体質は、「体は比較的堅固で動作もゆっくりしている」という。ロシア人もそうである。

また、カパ・ヴァータ（ＡＢ型）体質は、「ヴァータ・カパ（ＢＡ型）体質よりスタミナがあり、スポーツマンタイプ」である。ロシア人も、日本人と較べてスタミナがあり、スポーツ能力も優れているといってよいだろう。

カパ・ヴァータ（ＡＢ型）体質は「カパであるためにおだやかな性格で、ヴァータの熱中する傾向はない」。ロシア革命以降のロシア人のカパは、相当にバランスを欠いていたと見え、決して「おだやかな性格」とはいい難い。だが、なつかしいロシア民謡などを思い起こしていただければ、こうした指摘も理解できると思う。

ＢＡタイプ＝日本型

血液型民族分類による六類型も、いよいよ最後となった。すなわち、右脳が一番優勢で左脳がこれに続き、前頭葉は最も劣勢なＢＡタイプである。このＢＡタイプの典型的国家はどこかというと、日本である。日本人は、その深層において右脳が最も優位に働く民族である。

こういうと皆さんは、「いや、それはおかしい」と言うかも知れない。確かに、日本人の血液型の構成は、Ａ、Ｏ、Ｂ、ＡＢの順に、四、三、二、一の比率となっていて、Ａ型が一番多い。だが、脳による思考パターンは、血液型と同時にその民族の言語や宗教などにも大きく規定される。つまり、その民族の使う言語や宗教、文化の総体が右脳的であれば、その民族はＢ型エネルギー優位であるということになる。これを踏まえて、日本人の血液型民族分類がＢＡタイプであることを立証していきたい。

自己主張が少ない日本人

日本人は国際社会において自己主張が少なく、意思がはっきりしない国民だと批判される。

自己主張を表現する脳の部位は前頭葉である。前頭葉は自己中心的定位を定める座であり、血液型でもO型は自己主張と自己表現が最も巧みである。O型気質の劣位が、日本人の行動において自己主張の少なさとしてあらわれている。

過去のことを忘れやすい

日本人は過去のことを忘れやすい民族であるとよく批判される。

過去の体験に基づく記憶はO型が優れる。また、過去の楽しい出来事の積み重ねに主要な意義を感じて、いつまでも大切に保存するのはA型である。日本人の民族タイプは、そうしたO主導型からもA主導型からも遠いBAタイプである。したがって、過去の記憶や体験に比較的とらわれない民族だといえる。実際、先の大戦で日本人はアジアを主要な舞台として戦い、近隣諸国に多くの迷惑をかけた。そうした事実を日本人は忘れていると近隣諸国からよく批判される。また、日本は同じ大戦で正面から戦ったアメリカを、戦後は最も進んだ国として尊敬さえして歩んできた。「打倒米英」から「米国崇拝」への転換の早さ、過去の忘れやすさは、O型気質が薄くB型エネルギーが最優位であることの証明である。

ちなみに、次の格言は、O型気質の薄い、したがって記憶力のよくない日本人の民族性をよく表している。

・「善は急げ」～よい事を思いついたら、できるだけ早く実行しなければならない。そうしないと忘れてしまう。

・「思い立ったが吉日」～しようと思ったらすぐに行動せよ。日柄を選んでいては、時期を失うだけでなく、思い立ったことを忘れてしまいかねない。

・「今日できることを明日に延ばすな」～今日という日は二度とこないから、今日のことは今日せよ、という意味が主である。しかし、今日できることを明日、明日と延ばしてゆけば、やはり時期を逸し、忘れてしまいかねないという戒めの意味もある。

自己中心性の希薄さ

日本人の優位脳が前頭葉から遠いことを示す事例は、数多く挙げることができる。たとえば、日本の庶民文化として語られる次のような言葉は、どれも自己中心性が希薄なことを示している。

・「長いものには巻かれよ」～力の弱い者は力の強い者と戦おうとするな。大ケガをするだけである。これは、前頭葉中心のケンカ早さ、反骨精神は捨てよということ。

・「郷に入れば郷に従え」～風俗習慣はその地方によって違うから、うまく世渡りしようと思ったら、住んだ地域の習慣に従うのがよい。あまり前頭葉的な自己主張をして自分を押し通そうとするなということ。

・「泣く子と地頭には勝たれぬ」～地頭とは徴税官吏である。日本ではお上のいうことには反抗せずに、無理なことでもあきらめるという習性をもってきた。「泣く子には勝てない」という表現と併せて、これも自己中心や自己主張とは正反対の、自己犠牲のあらわれである。日本人が前頭葉とは遠い、後頭部を首座とするゆえの処世訓といえよう。

・「和を大切に」～和とは個人の利害や主義主張を減らし、周囲の利害や主張に対して一歩譲ることによって獲得される。これは、自己主張や自己中心性を抑制することでもある。

日本人の謙虚さの起因するところ

かつての日本人に対しては謙譲の美徳がいわれ、謙虚さは日本人の特性であった。とりわけ、日本人女性は外国の女性に較べて「夫を立て、働き者で尽くす」ことから、日本人女性を妻に持つのは最高の幸せと他国からうらやましがられた時代さえあった。

日本国内でも先に述べたとおり、「富士額は三国一の花嫁」と古来より言われた。富士額の多さは優位脳が前頭葉から遠いことを意味する。

つまり、日本人の謙虚さは自己中心性の薄いことの証明であり、富士額の多さと相まって、日本人が前頭葉からは遠い、後頭部を首座とするＢＡタイプであることを示している。

情報発信が苦手

日本人は他国から情報を受けるばかりで、日本から国際社会にむかって情報発信することがないとよく批判される。

元東京大学教授で小脳研究者の伊藤正男氏によれば、脳の真ん中の中心溝を境にして、後頭部は外部から信号を受ける部分、前頭葉側は外に信号を出す部分と、非常にはっきり分かれているという。

つまり、脳の後頭部を主座とする民族は必然的に情報発信は苦手で、情報受信専門となりやすい。日本人が「他国から情報を受けるばかりで自らは発信しない」という批判も、日本人の優位脳が前頭葉から遠い、後頭部を主座とするＢＡタイプのためだと知れば納得がいく。

これまで長年言われてきたが、原因不明であった民族の特徴も、脳の研究と対応させることで明らかになる。特に、脳の後頭部の特徴と日本人の気質傾向とがピタリと合致することは、血液型と優位脳による民族分類が有効であるという重要な証明である。

ロシア人と日本人が似る理由

俗に「日本人とロシア人は似ている」といわれる。日本人への世論調査では、ソ連時代からロシアは絶えず「嫌いな国」の一、二位であり、日本人にとっては不本意な比較とは思う。しかし、日本人とロシアがＢＡタイプとＡＢタイプで共にO型気質から遠いことを考えれば、右の指摘もあながち的外れとは言いがたい。その共通点を挙げるとすれば、「ともに（腹の底で）何を考えているかわからない」と他国民から見られる点にある。

確かに、ソ連時代からロシア人の言葉、約束は信用できないといわれる。時間にルーズで製品の納期を守らず、交わした契約や発した言葉に責任を持たないから、「何を考えているのかわからない」。

一方、日本人は言うべきこと言いたいことを明確に主張しない。これは、自己主張がきわめて少ないことと謙譲の美徳を持つゆえであろうが、国際社会では「何を考えているのかわからない」。内面を検証すると大きな違いがあるのに、ともに「外部から見てよくわからない」という共通点を持つ。

ただし、言っておくが、ＡＢタイプとＢＡタイプでは天使と悪魔ほども異なる。日本人のＢＡタイプは、右脳優位で左脳がこれを補完する。自己中心性が少なく、いつも世界の平和や全体の調和を考える、いわば天使的な面をもった民族である。

一方、左脳優位で右脳がこれを支えるＡＢタイプは、典型的なロシア＝ソビエトを見ても、スターリンの大量粛清による独裁政治、第二次大戦末期における日ソ中立条約の一方的破棄による対日参戦、日本軍人を大量に拉致してのシベリア強制労働、ソビエト崩壊後も自ら最高会議ビルを砲撃したり、原発廃棄物を海洋投棄したり、戦闘機を他国に売ったり、最近ではプーチン大統領を批判してきた元ロシア・スパイのリトビネンコ氏やジャーナリストらを、ウランの三〇〇倍の放射能を持つ薬物を使って何人も毒殺（疑惑を含む）したりと、その悪魔的所業は枚挙にいとまがない。それこそ独裁的・強権的で何を考えているのかわからないわけで、ＢＡタイプとＡＢタイプでは全く違うのである。

食い道楽の気質

話は変わるが、食べ物に関して日本人は世界の中でも飛び抜けて食い道楽ではないかと思われる。昔からの伝統の懐石料理は凝ったものだし、フランス料理・イタリア料理・中華料理・韓国料理など、世界中のおいしい料理を食べさせる店が日本の大都市なら容易にみつかる。

ＡＢ型は血液型の中では一番食いしんぼうである。能見正比古氏の分析においてもそうであるし、まわりにいるＡＢ型を観察しても、食べ物への執着やこだわりは平均して強い。これはＯ型の多いアメリカを観察するとよくわかる。

アメリカはＯ型主導のＯＡタイプの国家である。そのアメリカでは大量生産方式や標準マニュアル化、品質管理などに歴史的な創造性を発揮してきたが、食べ物に関してはきわめて簡素で、ハンバーガーぐらいしか発明していない。ＢＡタイプの日本人の創作した食べ物の種類や凝った盛りつけ方と較べると雲泥の差が見られる。そういう点でも日本人はO気質から遠いＢＡタイプなのである。

ちなみにＡＢ型は日本人の場合、「ＢＡ型」と呼称すべきと考える。そもそもＡＢ型とは、血液型が発見された西洋において最もよく見られるＡ型を優位に考えてＡＢ型とした。もし発見者が血液型の内奥に秘められた秘密を知っていたなら、日本人については「ＢＡ型」と呼称したのではなかろうか。本書においてはＡＢ型と区別するため、これ以後は日本人の血液型については「ＢＡ型」と表記することにする。

日本語が主語を欠く理由

日本語は、よく「主語」を欠いた言葉だと指摘される。主語とは、その言葉における（自己）中心点である。日本人の優位脳が自己中心的定位を定める前頭葉から遠いために、中心点の不明瞭な、主語のない言葉となるのだろう。

日本語に主語が欠けやすい理由として、もう一つ挙げておきたい。日本人と西洋人の脳の違いを明らかにしたことで有名な角田忠信博士（元東京医科歯科大学教授）の研究によれば、後述するように、ある時期から人の脳幹部の下位スイッチが逆転した。

角田博士は、左右どちらの脳が音声を処理しているかを判定する角田式打鍵機を発明したが、この装置は脳幹システムの切り替えメカニズムを測定するものとして、現在、世界で最も正確なものとされている。

その装置を使った研究によれば、「一九八五年ごろから人の脳幹部の切り替えスイッチが逆転した」（詳しくは第二部で後述）。これは、北半球全体の現象として同時多発的である。つまり、人々の脳の中心近くにある脳幹部が、一時期にそろって、地球からの波動に反応してスイッチを切り替えたことになる。にわかには信じ難いが、角田博士の厳密な研究によって判明したことである。

この研究結果を知れば、人々の自由な思考や意思も、それを生ぜしめる内奥のエネルギーまでたどれば、「ある何者かによって動かされている」と捉えることができる。日本語に主語がないのは、そうした「自他を動かす無意識下の共通存在」を本能的に知っているためと捉えることができないだろうか。

右脳が強く働く日本人の脳

日本人の民族タイプがＢＡタイプということは、右脳が最も優位に働く民族だということである。その証明として、同じく角田忠信博士の著作『日本人の脳』から抜粋してみよう。

角田博士によると、西洋人の左脳は言語音や子音、計算などに使われ、右脳は自然界の音や

日本人と西洋人の脳

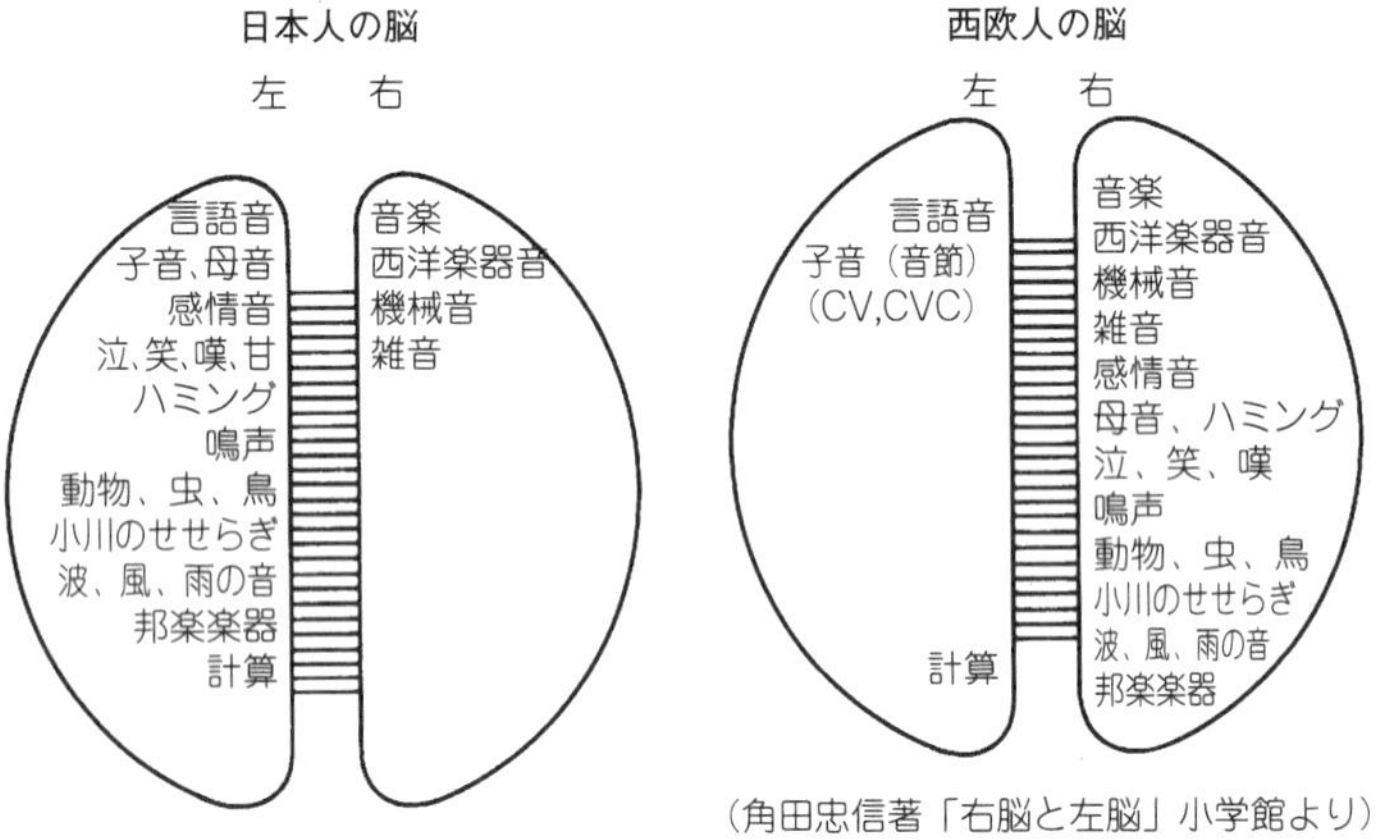

（角田忠信著「右脳と左脳」小学館より）

楽器音、機械音、雑音などを処理している。一方、日本人は、これと随分変わっていて、クラシックなどの洋楽や機械音、雑音は右脳で聞いているが、小川のせせらぎや風の音、犬猫の鳴き声、さらに音楽でも邦楽器やハミングなどは左脳で聞く。もちろん、西洋人が左脳を使っていた言語音や子音、計算は日本人も同じ左脳である。

この角田博士の研究成果に対し、まだ認めていない学者も一部にいる。だが、実験方法はすべて明示されており、すでに海外でも「ツノダテストは世界で最も正確」と評価されているので、認めないわけにはいかないだろう。

日本人の脳が西洋人の脳と異なることは明らかだとして、その意味するところは何だろうか。これは角田氏も明らかにしていないが、私見によれば、日本人は左脳さえもが右脳的に働いている。

なぜかというと、西洋人の右脳に電気ショックを与えて麻痺させた症例を見ると、患者の声に「抑揚が無くなり、一本調子で艶がなくなった」からである。つまり、左脳自体にはリズム感や音楽センスはないことがわかる。

西洋人のように、「言葉は左脳、言葉以外の音楽や音は右脳」と明確に区別されるのが脳の本来の分業だとすれば、日本人の脳は右脳だけでなく、左脳さえもが右脳的に働いていることになる。日本人は邦楽器やハミング、虫の声など、言葉以外の音も西洋人と違って左脳で聞いているからである。

したがって、日本人の場合、本来の左脳の機能、つまり言語や論理、計算を受け持つ部分は、左脳のさらに片隅に追いやられていることになる。日本人の優位脳が右脳上位で左脳がこれに続き、前頭葉がこれを補完するBAタイプだとするゆえんである。

日本人の脳

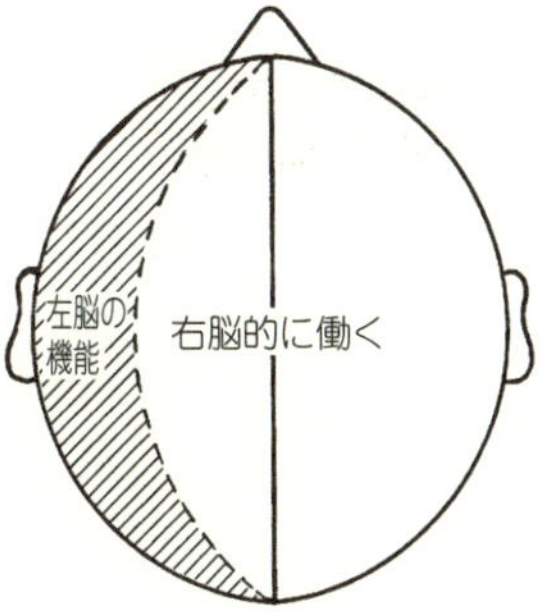

日本人の脳は左脳さえもが右脳的に働く。結果、本来の左脳の働きは左脳の左端で担っている。

日本文化の深層は左利き文化

日本人は右脳優位であり、左脳さえもが右脳的に働くということは、より深層において日本人は左利

日本語の横書き（戦前）と縦書き

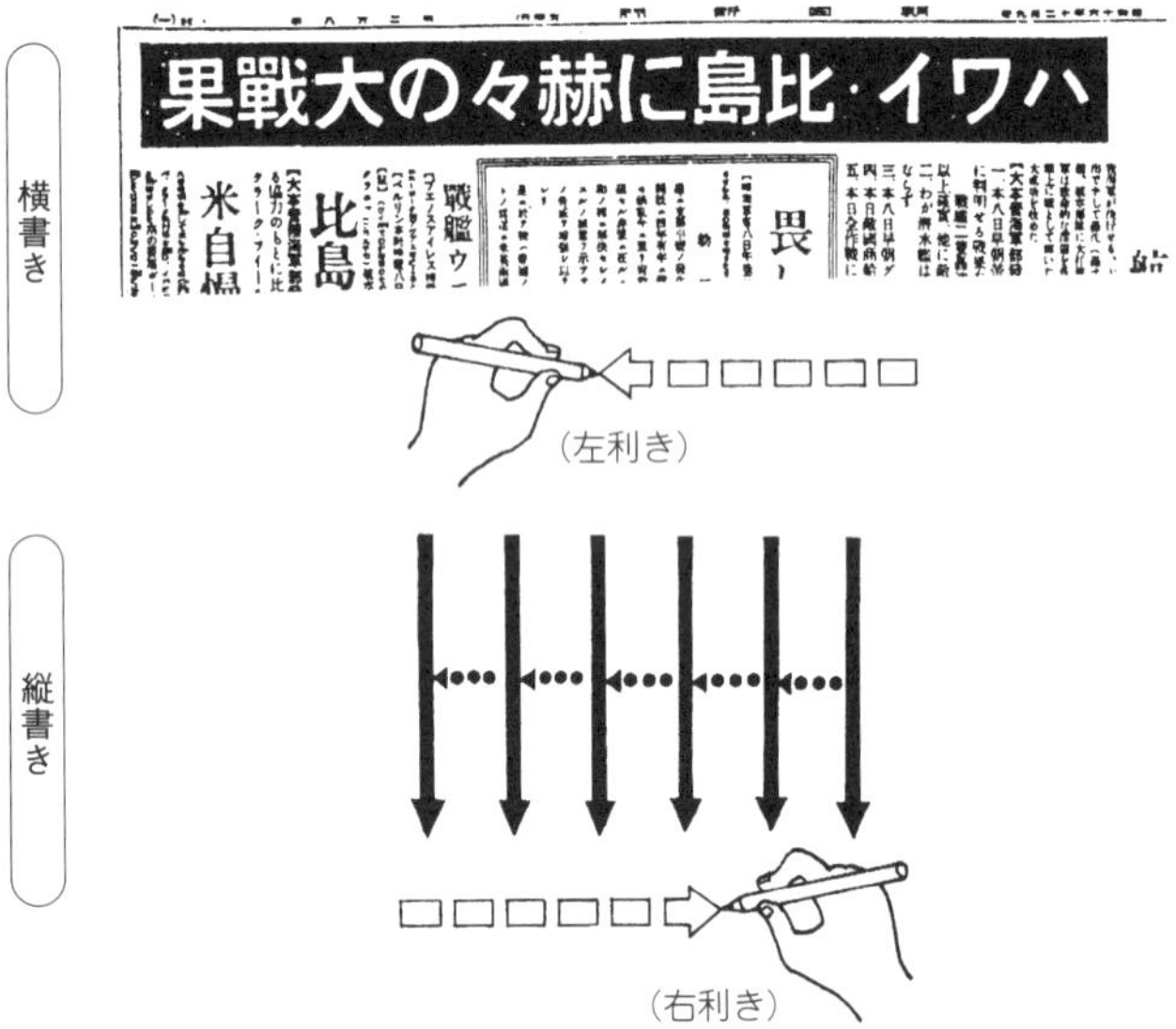

戦前の横書きの書き方、また縦書きの場合の右から左側への流れ方は、
日本文化の深層が左利き文化であることを示している。

きの文化を持っていたことを意味する。事実、日本語を横書きにすると、今でこそ左から右へ、右利きが書きやすいように書くが、戦前までは逆であった。左利き用の書き方は現在の縦書きにも残っており、日本語の縦書きは右側から左側へ書いてゆく。右利き用であれば本来、左から右へ流れていくべきで、その方が書く手は汚れずにすむ。これも深層の左利きが残っている証拠といえよう。もちろん、漢字の由来は中国に発するが、それについては別の機会に述べてみたい。

左優位の証拠

一般に、左利きは日常生活において左利き用の道具が少ないなど、不利な面が多い。特に西洋では、伝統的に左利きは不吉でよくないとされてきた。日本語も、表面上の歴史では中国の漢字伝来以来、流れは左利き用であっても、書体そのものは右手書きでなければ書けない（左手による書道は考えられない）ために、右利きへの矯正は相当に行われてきたと思われる。しかし、日本の深層の文化を探ると、西洋とは逆に〝左尊右卑〟であったと思われる部分が多い。

たとえば、日本の古代神話を見ると、左と右では左から言い出すことが多い。日本神話を記した『古事記』によれば、イザナギはイザナミとの争いに勝ったあと、筑紫の日向でみそぎ払いをして、自らの顔を洗って重要な三神を生む。「まず、左目を洗って天照大御神《あまてらすおおみかみ》を生み、次に右目を洗って月読命《つきよみのみこと》を生む。最後に鼻を洗って須佐之男命《すさのおのみこと》を生んだ」。

この三神のうち、右眼を洗って生まれた月読命は、その後神話にほとんど登場せず重きを置かれていない。一方、天照大御神は高天原の統治者となり、古来より伊勢の内宮に鎮まる太陽神として、日本の最高神と信じられてきた。その天照大御神はイザナギの「左眼」から生まれている。

また、奈良・平安朝の都は左京と右京に分かれていたが、全般として左京の方が尊重された。

役職でも左大臣が右大臣よりも上であったし、同じ役職でも左京所属の方が上位であった。当時の古文書（『十訓抄』）に「官は右大臣までにてありしかども、奉公、人にすぐれたるによりて左に至る」とあるように、右から左へ行くのが栄転であった。ちなみに、現代では役職が下がることを左遷というが、この言葉は、日本でも官僚制を敷くようになってから模倣的に使われ出したと思われる。

日本の左利きは立派だった

さて、西洋の左利きは紀元前四世紀、ギリシャ・エジプトなどを征服したアレキサンダー大王、初代ローマ皇帝のジュリアス・シーザー、フランス皇帝ナポレオン・ボナパルトといった卓越した指導者や、イタリア・ルネッサンスの代表者レオナルド・ダ・ビンチ、ラファエロ、ミケランジェロ、喜劇王チャップリン、あるいはアインシュタインなど幾多の大天才を生んだ。しかし、個人差が激しかったのだろう、多くの大天才を輩出しても、平均すれば左脳優位の価値観から逸脱することが多かった。ために左利きは嫌われて、右利きに矯正されてきた。

一方、日本での左利きは個人としてはどうだったろうか。古代人の利き手の記録は日本の場合皆無に近いので、近世以降わかっている人物だけを挙げていくと、左右両手を使う二刀流の剣の達人、宮本武蔵（一五八四？～一六四五）、桃山城・日光東照宮などに腕を揮った左甚五郎

（?〜一六三四）、明治以降では洋画の第一人者梅原龍三郎（O型）、相撲の不朽の名横綱双葉山（A型）、大鵬（B型）、「黄金の左」の異名をとった輪島（A型）、高見山、旭道山、水戸泉、舞の海、貴闘力などは左利きで有名である。

だいたい相撲で左四つを得意とする関取は、左優位＝右脳優位の姿勢であるから、表面上は右利きであっても潜在的な左利きだといえる。北の湖、朝潮、若乃花などは皆、そうである。

柔道で不朽の連勝記録を残し、一九八四年のロス・オリンピックで無差別級優勝した山下泰裕も本来は右利きのA型であるが、世界を制するために左優位＝右脳優位にしたクチである。

プロ野球では大リーグ・マリナーズのイチロー、ヤンキース・松井秀喜、井川、ソフトバンク・松中、和田、阪神・金本、赤星、中日、立浪、福留、山本昌、横浜・金城、ヤクルト・青木、岩村、巨人・高橋由、李、小笠原など、左利き、あるいは右脳優位の左打ちの例は枚挙にいとまがない。

ゴルフでは全米賞金女王にもなった岡本綾子プロ（B型）、片山晋呉（メモをとるのが左）、羽川豊、芸能界では草刈正雄、坂東玉三郎、はなわ、原田大二郎、片岡鶴太郎（書画のみ左）、山城新伍、笑福亭仁鶴、高島忠夫、吉永小百合、栗原小巻、山本陽子、倍償美津子、南野陽子、斉藤由貴、篠原ともえ（ベースを左手で弾く）、小池栄子など。政界では石原慎太郎（BA型）、橋本大二郎（高知県知事）、太平洋戦争の指導者東条英機は左利きである。その他、辻村ジュサブロー、引田天功、筑紫哲也、伊達公子、大林素子、具志堅用高、ジャイアント馬場（食事をするのが左）など。こうしてみると、日本の左利きは平均して「人格面でも立派だった」といえる。

創造性より改善能力

日本の企業は基礎研究には創造性を発揮しないが、その商品化や応用能力には優れた力を発揮するといわれている。

従来の発想をガラリと変える創造性は、前頭葉右脳側が担っている。また前頭葉左脳側は、理論や分析力を駆使した論理的創造性だといってよい。日本人は、その前頭葉から優位脳が遠いのだから、いずれも基礎研究の創造性の面で劣るのはやむを得ない。

歴史的にも日本人は水田稲作や金属の使用、漢字、仏教、儒教など、日本に定着した文明には輸入ものが多く、日本人が独自に考え出したものはほとんどないといってよい。

また、文化的にも日本人は物の緻密な観察や分析、論理的思考が苦手とされている。これらは、日本人の優位脳が前頭葉からは遠く、かつ左脳優位ではないことを示している。

一方、日本企業の製品が商品としての完成度や質の良さなどの点で優れるというのも、日本人の優位脳に由来する。後頭部を主座とする日本人は、その優位脳のうちに小脳を含む。小脳の重要な役割は、微妙なバランス保持、細部の調整、厳密な正確さである。これらは「モノづくり」にも発揮され、製品を仕上げる場合の微妙な調整やバランス、品質管理の正確さとなってあらわれる。日本の伝統文化をとってみても、陶磁器、茶道、生け花、懐石料理、刀鍛冶など、どれも独特の繊細さと微妙なバランス、正確さによって成り立っている。これらは、日本人の優位脳が小脳を主座のうちに含むBAタイプであることの証明である。

小柄な体格はヴァータ・カパ体質

血液型エネルギーでのBAタイプは、アーユルヴェーダではヴァータ・カパ体質に相当する。ヴァータ・カパ（BA型）体質の人は、ヴァータの不規則性が優勢のため、大変小柄であるという。日本人の体は西洋人に比べて小柄であり、この点でも日本人はBAタイプであることを証明できる。

わかっているけど行動が遅い体質

また、ヴァータ・カパ（BA型）体質の人は、「行動が必要な時は早くて効率的なことが多い。だが、自分の中にカパ（A型）の愚図愚図する傾向のあることも気づいている」。

日本が国際社会の中で今一歩評価が低いことの理由に、やらなければならないとわかっているのに、その行動が遅くて、かえって信用を失うという面がある。九一年一月に始まった湾岸戦争の時、日本はアメリカに言われて九十億ドルもの資金を拠出した。拠出金額の割には功績を評価されなかったが、その原因は実戦部隊を送らなかったからでも金額が少なかったからでもない。資金を出すにしても、外務省と大蔵省の縄張り、面子争《めんつ》いで出し方が後手後手にまわって遅かったからである。

また、社会保険庁の度重なる不祥事や国・地方の一千兆円に及ぼうかともいう借金など、問題解決を延ばしに延ばしてきたために、事態はますます悪化する一方である。

このように、良くいえば「慎重」、悪くいえば「愚図愚図する傾向」は、日本人の内に持つカパ（A型=左脳）の面が「官僚」という国の支配層で最上位に来る結果だといえる。

ちなみに、このような左脳（カパ）偏重は現代日本の抱える社会的問題でもある。現代の子供達を取り囲む受験戦争、偏差値教育は左脳一辺倒の思考パターンを作り出す。左脳は、そもそもデジタル型のコンピューターの動きに近い思考をする。そのため、小さい時から左脳ばかりで思考し行動していると右脳が働かなくなり、左脳のカード（データ）だけで物事を処理するようになる。したがって「そのような前例や対処法の知識」が手持ちのカードにあるとすばやく対応できるが、前例のないことに出合うとお手上げである。左脳カードにない現象に遭遇すると全く対処ができず、ただ右の物を左にやったり、下のものを上にやったり、考えている振り、仕事をしている振りをする。

現代の若者に「人から細かく指示されないと、どう動いてよいかわからない」という「マニュアル人間、指示待ち人間」が増えているが、これも幼少期から左脳一辺倒に偏った受験戦争、成長環境の結果である。

このことは重要なのでもう少し述べると、特に男の子は幼少期に自然の中でのびのびと遊び、右脳優位の環境で育つ方が大人になって立派な社会人となる。

幼少期からテレビゲームや「お受験」など左脳偏重の環境で育つと、確かに五〜六歳で高校三年生までの知識をすべて習得してしまった子とか、日々『日経新聞』を読み、『戦争と平和』を読破してしまった幼稚園児などの大秀才が出る。しかし、そういう子は小学校までは特別優秀だが、中学校では平均の子となり、その後は無気力・不登校になるケースが多いという。いわば伸びきったゴムのような人間となるわけで、こうした「早期受験教育の弊害」は、人間の成長プロセスに無知なために起きるものである。

現代は、子供も大人も「左脳偏重」の世界となっているが、本来の日本人は右脳優位の「全脳型」である。

右脳優位で思考し、左脳がこれを補佐する形で脳を使えば脳全体を平均して使うことができる。これを「全脳型の脳」といい、日本人の本来の型であるＢＡタイプが当てはまる。現代の「左脳偏重」を反省して、本来の日本人の価値観を復活させることが条件であるが、持てる全脳型の脳力をフルに発揮してほしいものである。

以上、民族タイプ六類型を血液型と優位脳に照らして見てきた。結局、人一人をとっても二つと同じ個性はありえないように、民族においても、各民族の優位脳はそれぞれ異なっていることは明らかである。多くの異なる個性が集まって社会が成るように、世界においても多様な民族性を持った国々が補い合える「共生型国際社会」を考える時期に来ているといえよう。

第四章
日本人の血液型構成のヒミツ

前章における民族分類として、日本人は右脳優位で左脳がこれに次ぐBAタイプ、インド人は右脳優位で前頭葉がこれに次ぐBOタイプと述べた。まだ語られていないが、人類の歴史の始まりを明らかにする上でこの両者の民族の果たした役割はきわめて大きいものがある。以下にそれを見てみたい。

特に日本人の血液型構成であるが、日本人はA型三八%、O型三一%、B型二二%、BA型九%と、ほぼ4・3・2・1の割合である。この構成の割合は、血液型に象徴されるエネルギーのバランスが非常に良いと思われる。

これ以上A型が多くなれば左脳が強くなりすぎて許容範囲の狭い、ルールの厳しい息苦しい社会となるし、B型が増えすぎれば社会や組織としての安定性や堅実さに欠けてくる。またO

型が増え過ぎれば、経験や個性ばかりが重視され、科学はあまり発展しない。その点、日本人の血液型構成はほどよくバランスがとれている。

1、2、3、4の順

日本人の血液型構成は、右のような長所を持つだけではない。私見によれば、このA・4、O・3、B・2、BA・1という構成を逆にした順序が、血液型と脳、さらには民族の発生順序であろうと考えている。つまりBA型、B型、O型、A型に象徴される脳や民族が1、2、3、4という順序によって発生した。これは、脳でいえば小脳→右脳→前頭葉→左脳という発生の順であり、民族でいえば古代日本→古代インド→O型主導の民族→左脳優位の民族という順序で発生・発展したとする仮説である。この発生・発展の1、2、3、4という順序が、日本人の血液型の構成比に秘められているのである。

驚くべきことだが、このように日本人のBA型、B型、O型、A型の1、2、3、4という血液型構成比が同時に民族の発生順をあらわすといった場合、BAタイプの原日本人——これは縄文人のことであるが——が世界最古の民族であることを意味している。

この説は、現代の通説とは大幅に異なるため意外に思われる方が多いだろう。手順を踏んで詳細に説明すれば誰でもご理解いただけると思うが、今回は紙面の都合上、簡略に述べると、B

Aタイプの原日本人である縄文人はモンゴリアンで、モンゴリアンは世界中に広まった最古の民族である。

一般に、現代人につながる種はアフリカで発生したとされているが、それはおそらく誤りであろう。人類の祖先がアフリカ生まれなら「黒人が人類の祖先」ということになるが、黒人が白人になったり黄色人種になることは遺伝学的にも肌の色の遠さからも全くありえない。

国立遺伝学研究所の斉藤成也氏によれば、ABO、Rh、MNなど、比較する遺伝子座の数を十二にして三十の集団の遺伝子の系統樹を作成すると、次ページの図のようになり、集団ごとに明瞭なグループをつくる。その内訳はアフリカのニグロイド、インド以東のアジア・ポリネシアに分布する狭義のモンゴロイド、北米・南米のアメリンド（いわゆるアメリカ・インディアン）、ヨーロッパからインドにかけて分布するコーカソイド（白人）、オーストラリア・ニューギニアのオーストラロイドなどである。

この中で、アフリカのニグロイドは比較した十二の遺伝子座のすべてで他集団から大きく離れている。逆に、この遺伝子系統樹でほぼ中心に位置しているのは狭義のモンゴロイドである。

この遺伝子系統樹の語るところは、明らかにアフリカの黒人は人類共通の祖先ではないということである。共通の祖先ならニグロイドが遺伝子系統樹の中心にくるはずである。

また、古代に世界中に広がったのはモンゴロイドであると知られているが、人類アフリカ起

12遺伝子座の遺伝子頻度データから得られた30集団の遺伝的近縁図

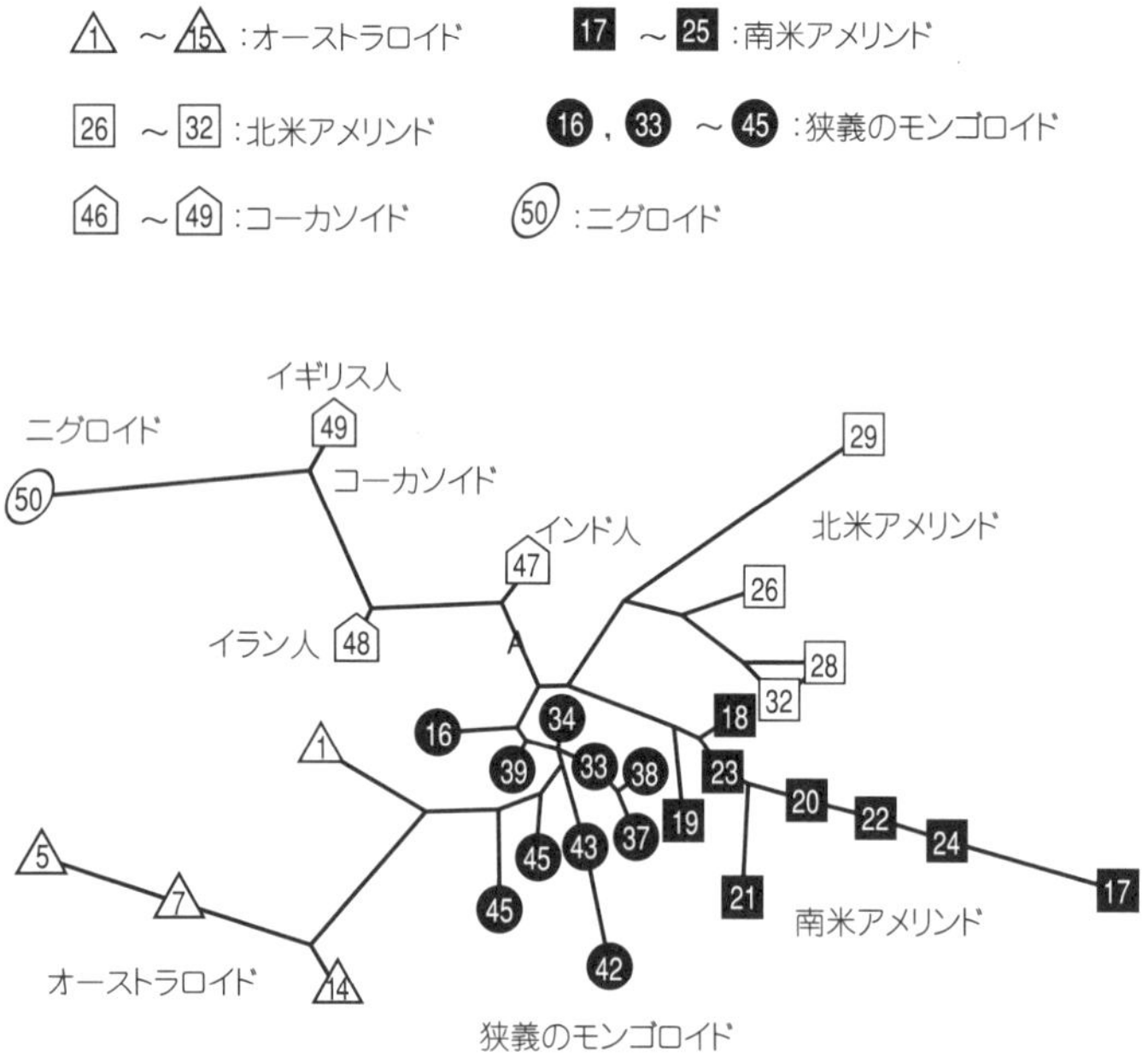

国立遺伝学研究所・斎藤成也助教授作成
(『モンゴロイドの道』朝日新聞社刊より抜粋)

源説では、アフリカで生まれたニグロイドがコーカソイドとモンゴロイドに分かれて、これが世界中に広がったとしている。そうであるなら、ニグロイドとコーカソイドならびにモンゴロイドは、遺伝子系統樹で最も近いはずである。だが、事実は全くそうではない。逆に遺伝子系統樹の中心にくるのはモンゴロイドで、モンゴロイドこそが人類共通の祖先である可能性を示している。

つまり、文明をもった人類最古の祖先は古代モンゴロイドであり、古代モンゴロイドをもとに白人などがつくられた。そして、古代モンゴロイドの大元は縄文人であり、原日本人はその中心をなしていたと推定されるのである。

インド・ボンベイ型とシュメール人

ＢＡタイプの縄文モンゴリアンである原日本人をスタートとして、次に形成されたのはＢＯタイプである。ＢＯタイプの典型はインドであるが、そのインドに「ボンベイ型」という血液型Ｏ型の変異型がある。これはＢ型でもＯ型でもなく、Ｏｈ型（ボンベイ型）と記される。インドのボンベイ地方に比較的多く見出されるため、このように命名された。このＯｈ型は、いまだＯ型に発展していない表現形の一種と考えられている。逆にいえば、Ｏｈ型が発展すればＯ型に変わるわけで、民族タイプＢＯ型のインドがＯ型を産んだ基盤の地であることを示している。そして、O型はBO型から生み出されたわけだから、B寄りのOBタイプということになる。

一般に、ABO式血液型はO型物質が基本にあり、A型物質やB型物質はその先端に鎖のようについている。確かに、見た目の構造はそうであるが、人類発生や脳に関しては、ボンベイ型のように、O型主導の民族はBOタイプを親としてつくられたといってよい。

縄文モンゴリアンである原日本人のBAタイプ、続いてインド・ボンベイのBOタイプ、そして次はOBタイプの民族の登場である。このOBタイプの民族はメソポタミア文明を築いたシュメール人が該当すると思われる。

シュメール人の歴史的な役割について簡単に紹介しておくと、シュメール人は現代につながる文明の基礎をほとんどすべてつくり上げた。数学、天文、法律などの学問や建築・美術・織物・工芸、そして王政や裁判制度、官僚制や都市国家など、人類の文明といわれるもので、網羅していないものはないといってよいほどである。農耕面でも灌漑事業を発明し、麦や野菜や果物、養蚕や綿をはじめゴマなどの栽培を行い、牛や羊などの動物の飼育にも優れた技術を発揮している。

こうした事実は、多くの遺跡から発見された出土品と、シュメール人が粘土板に書き残してくれたギルガメッシュ叙事詩など、五〇万枚以上のくさび形文字の解読によって裏付けられている。

一般にメソポタミア文明は、エジプト文明や黄河文明、インダス文明と合わせて世界四大文明のひとつとされている。だが、実はシュメール人のメソポタミア文明は他の三大文明に先立って、それらの親ともなる文明なのである。

ABタイプの介在

このOBタイプのシュメール人を母体にして、ABタイプのイスラエル人（ユダヤ人を含む）が生まれた。旧約聖書によれば、イスラエル人の祖先であるアブラハムの故郷は、シュメールのウルという町である。つまり、OBタイプを母としてABタイプのイスラエル十二部族が生まれ、これがキリスト教と表裏一体となり、西洋人などA型中心民族の背骨をつくり上げてきたのである。

このように、民族の発生順は、BA→BO→OB→（AB）→AOという順序である。つまり、OBタイプとAOタイプの間にABタイプの民族が仲介することによって人類の発展が完成した。ABタイプのイスラエル人は、そのようにA型民族を生み出すための重要な役割を担っていたといえる。

これらを簡略化すれば、民族の発生順はBA、B、O、Aが1、2、3、4の順となる。ちなみに、BA型・B型・O型・A型の血液型構成が1・2・3・4というふうに並ぶのは、地球上で日本人とユダヤ人だけである。

脳の発達も1、2、3、4の順

次にBA、B、O、Aの順序で形成されてきたという証明として、脳の発達について説明したい。

脳は植物にはなく動物だけにある。動物と植物との違いは、場所を移動して自由に動けるか否かにある。一箇所にとどまって動くことのない植物に脳はない。つまり、脳は生物が自分で動くのに「判断」を必要としたために形成された。

このことを念頭に置いて脳の発達を見てゆくと、動物は脊椎動物に至って、それまで散在していた小型の脳（神経節）が身体の背中に集まり、背骨の中に脊髄という一本にまとまった脳をつくった。その脊髄の先端部分がさらに肥大化して、やがて脳らしい脳（脳幹部）ができた。そのはじまりは魚である。

魚の脳を見る時、興味深いのは小脳である。魚における小脳の大きさは大脳以上である。人類が小脳を主座とするBA型からはじまったとする指摘は、人類への進化のはじまりとされる魚の脳を見ると、きちんと当てはまる。

筆者は、人類が魚からはじまったとする単純な進化論にくみするものではないが、それでも人の胎児が魚に似た形からはじまっていることを考えると、進化のプロセスとして参考にはなると考える。実際、水陸両用の両生類や爬虫類においては、かえって退化したと思えるほど、小脳は魚類において大きい。

脳において、大脳は大きな動きをつかさどり、小脳は細かな動きと反射的な動きをつかさどる。水中での生活は引力の影響が少ないから、大脳による大きな運動能力はあまり必要ない。血液型ＢＡ型は反射神経が良く、食いしんぼうが多いことを想起すると、魚に必要なのは反射神経のよさと食欲旺盛なことだと推定できる。いずれにしろ、脊椎動物のはじめにさかのぼると、脳幹部のほかは小脳がまず発達している。そして、この小脳を有力な主座とするのは、人においてＢＡ型である。

右脳は生命の根源とつながる

小脳優位のＢＡ型の次は、右脳のＢ型エネルギーが形成された。その根拠として次の話を紹介したい。

脳は三つの異なった層よりなる。爬虫類脳とも呼ばれる最も古い脳幹部、海馬や偏桃核を含む大脳辺縁系、そして大脳新皮質の三層である。

ノートルダム清心女子大学の濱野恵一氏によれば、脳の古い二層は密接に連絡し合っており、ほぼ同調して機能する。だが、古い二層と大脳新皮質との連絡はそれほど緊密ではなく、特に左脳との連絡は弱いという。つまり、古い二層は右脳側とより強く結びついている。

古い二層は全身の神経とつながるだけでなく、心臓や呼吸、体温調節や代謝など、生命の根幹とつながっている。つまり、右脳は「生命の根幹」とつながっているわけで、血液型B型に象徴される右脳のエネルギーは、左脳に較べて、より生命の根源に近いことを意味している。これが、小脳の次に形成されたのは右脳であるという根拠である。

また、左脳を損傷した場合はリハビリによって相当程度に回復する可能性はあるが、右脳を損傷すると適応性が低く、訓練効果もあがりにくいという観察結果がある。これなども、右脳の方がより生命の根源に近いことを示している。

脳形成の話を続けると、脊椎動物は両生類、爬虫類に至って大脳が大きくなった。大脳は、全体として血液型のO型気質が基本と考えられる。その発達は、魚が陸上にあがり、重力に反して大きな動きを必要としたためであろう。血液型でもO型は大きな動きを得意とする。

他に水中動物と陸上動物の大きな違いを見ると、陸上動物は四足で動くほか、地上や樹上の

脳と血液型の発生の順序

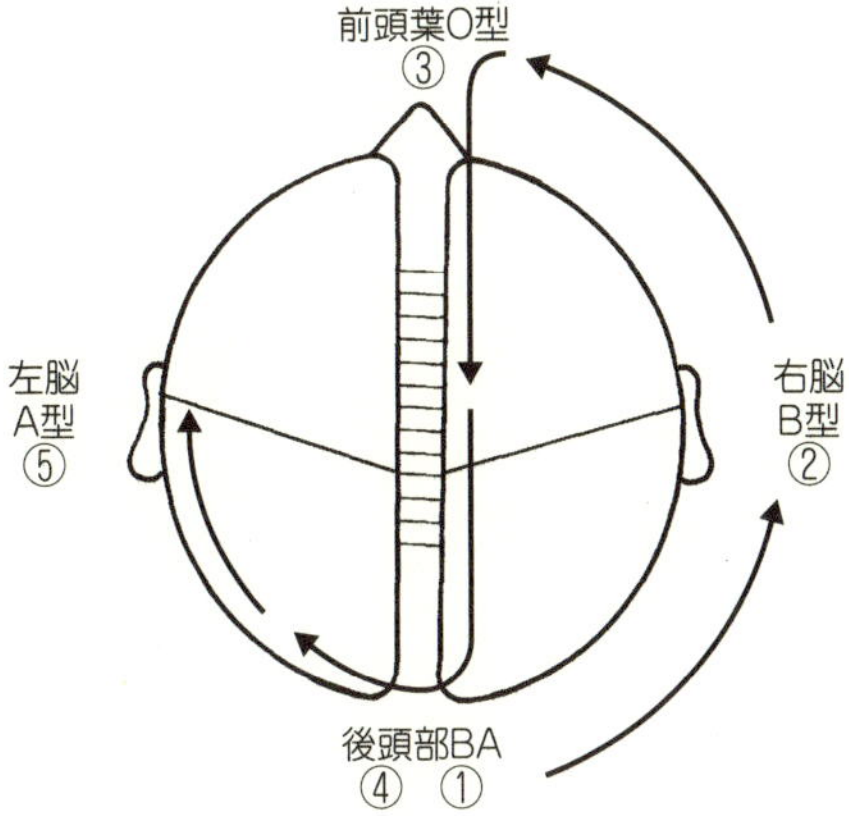

餌を探し、木によじ登り、外敵から身を守るため、頭を上下左右に動かすようになる。

脳は森の中で発達した

大脳が前頭部と後頭部に機能分化したのは、人類の祖先が森に入り、天を見上げることが多くなって頭を上下に頻繁に動かすようになってからだろう。そのために首も形成された。首が形成されれば声を発する喉の発達も促される。

森の中では、木の実をとったり、木に登って遊ぶことによって手や足も発達する。これが前頭葉の発達を大きく促したと思われる。なぜなら、前頭葉と後頭葉を分ける脳の中心溝に手足を動かす指令所が集中しているからである。同時に、森の中で木につかまりながらの生活で直立歩行が可能となり、前頭葉と後頭部との役割分担も進化した。

森の中での生活は聴覚も大きく発達させた。森の中では、視覚や嗅覚よりも聴覚の方が、迫り来る敵を知るのに有効だからである。聴覚を緊張させて使うのは左脳であり、その発達は声、言葉の発達につながり、左脳の分化・発達へと進んでゆく。

これらを要約すると、後頭部の小脳をスタートとして右脳、前頭葉、（後頭葉）、左脳の順の発達であるから、ＢＡ→ＢＯ→ＯＢ→（ＡＢ）→ＡＯの順である。これは図で示すと、後頭部を起点として最初は左まわりで右脳、次に前頭葉、その次は後頭部へ行って、右回りに向きを変えて左脳の発達に至るというルートを描く。これは民族の発生順でも同じである。

ちなみに、筆者は前著『誰も知らない「本当の宇宙」』の中で、大宇宙の発生は「最初左回り、次に右回り、その後に再び左回りの渦で発生した」と述べた。このように「最初左回り、次に右回り」の順序は大宇宙の創造にも、人類の脳や民族の発生にも共通するものだということになる。

第二部
新世紀の地球観・歴史観

第一章

地球を一つの脳と捉える

これまで、血液型と脳との対応を、アーユルヴェーダを参考にしながら見てきた。それによる民族分類も仮説をたて、これを検証してきた。今度は、脳と地球との対応関係を見てみたい。

こういうと、どうやって人の脳と地球が対応するのだと思われるかもしれない。だが、万物の根本創造主が地球をつくり、かつ人間をつくったと解するなら、地球も人の脳も同じ造物主の被造物であるから、相似形であって何らおかしくはない。

我々の住む地球を称して「ガイアという生き物である」という説がある。ガイア仮説は、一九六九年、イギリスの科学者ジェームス・ラブロックによって提起された。地球の大気に含まれている酸素や二酸化炭素、窒素やアンモニアなどの構成比が微妙なバランスによって保たれていることから、「地球は代謝を行い成長する一つの生命体である」とした仮説である。

「ガイア」とは、古代ギリシア時代の大地の守り神の名に由来する。彼の仮説によると、ガイア（地球）はバクテリアから動植物、そして人間までのありとあらゆる生命を生み、育て、守り、慈しんできた偉大な母としての働きを持っている。

地球上の生きとし生けるもの、大気や海の無生物も含めたすべてが一つの生命体だとするこの説は画期的だった。たとえば、海の塩分の濃度が何億年も変わっていないこと、大気中の酸素の割合が何億年も変わっていないことなどは、それまでの科学では説明できなかった。しかし、地球を一つの生命体と捉え、地球自身にその身体の環境を一定の状態に保つ恒常性作用があると考えれば、この問題も説明が可能となる。

さて、筆者の仮説は、このガイア仮説をもう一歩押し進めたものである。といっても、ガイア仮説を意識して、「それを超える仮説を！」と考えて思いついたわけではない。今から二十年以上前、血液型と脳との対応から、世界地図を広げ、民族の発生順などを何度も地図上に書き込んでいるうちに突然閃いた。その内容は、地球の五大陸は、これを近づけて見ると脳の形と対応しているというものである。

大西洋を中心に見た地球と、太平洋を中心に見た地球を見てみよう。真ん中の海を無視して大陸を近づけ、くっつけてみると、多少歪んでではあるが、いずれも大脳の形に近くなる。細かいところへのこだわりは捨ててみれば、なるほど、真ん中の海によって左脳と右脳とに分か

大西洋を中心にして地球を一つの脳と捉える

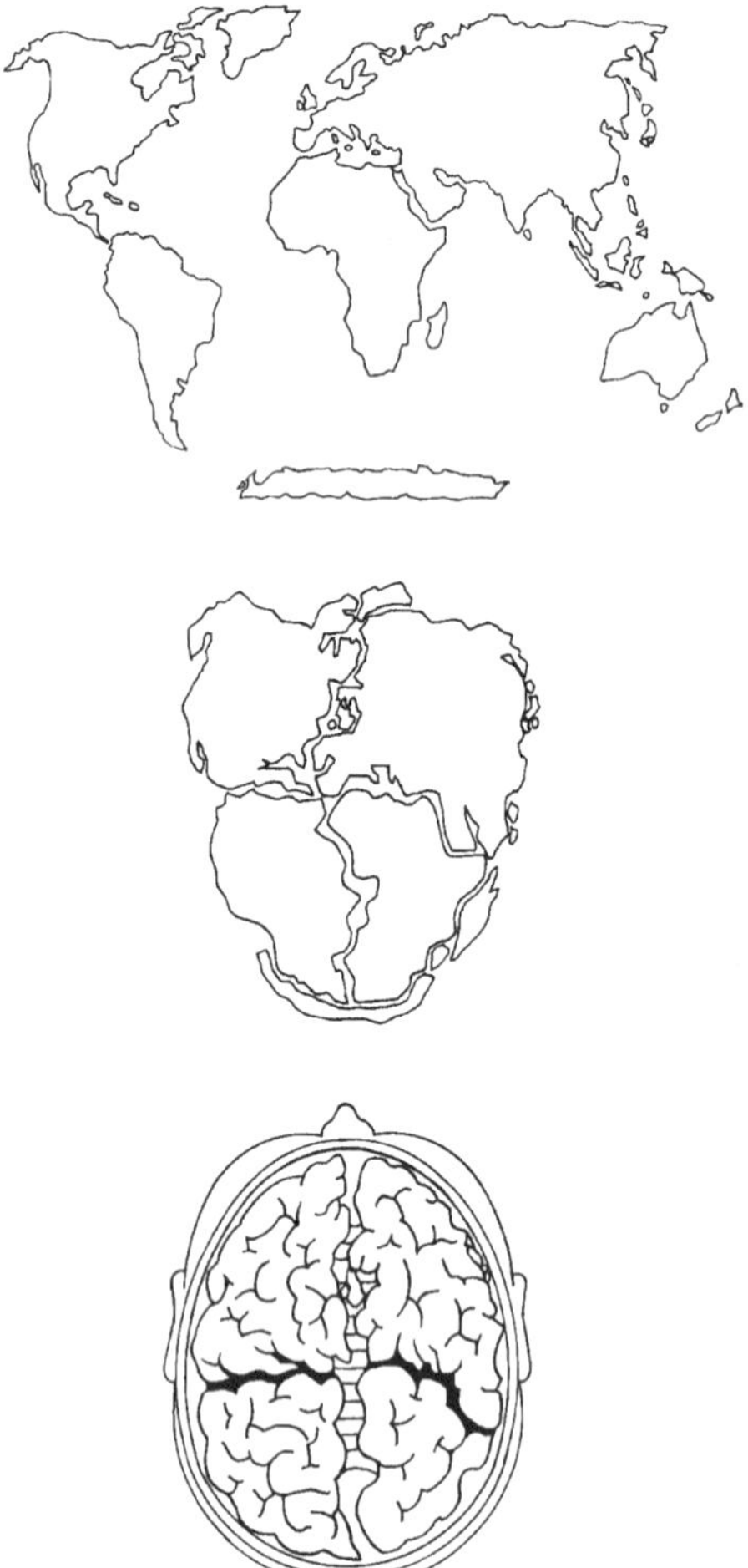

世界の五大陸を近づけて見ると、地球を一つの脳と捉えることができる。

太平洋を中心にして地球を一つの脳と捉える

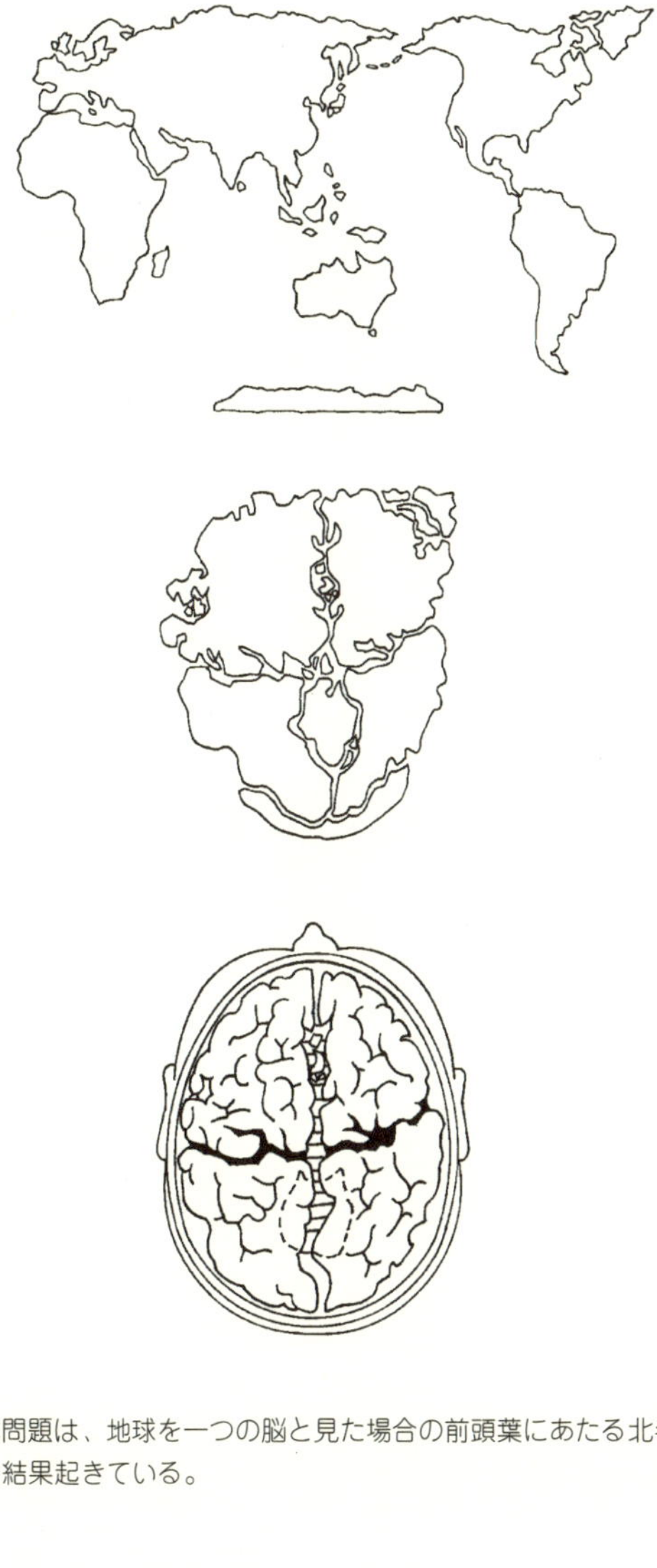

いわゆる南北問題は、地球を一つの脳と見た場合の前頭葉にあたる北半球のみが異常に発達した結果起きている。

れ、前頭葉と後頭部の分かれ目の中心溝もあり、何となく似ていると見えるのではないだろうか。

それを踏まえて、環太平洋にしろ環大西洋にしろ、まずは、地球を一つの脳と見た場合の共通項を検証していきたい。

南極と北極の非対称性

地球を一つの脳と見ると、北極側は鼻であり南極大陸は後頭部あるいは小脳に該当する。

人は誰しも顔の前面に鼻があって尖っている。一方、後頭部にはそのような突起はなく、だいたいはなだらかな曲線である。地球を一つの脳と見た場合の顔の前面にあたる北極圏の山々や氷山も、先が尖っているものが多い。もちろん人の鼻と違って、その頂点は一つではないが、先が尖っているという点では同じである。

これに対して、南極大陸の表面は全体にのっぺりしている。南極大陸の山々は全体として「鏡餅」にたとえられるが、人の脳の後頭部も「鏡餅」の形状に似ている。

また北極に大陸はなく、南極にはなぜあるのかという疑問がある。この両極の非対称性は、地球がただ生きているだけではなく、一つの脳の形をしており、南極は「後頭部の小脳」に当たるからである。

南北格差の原因

現代の国際的な政治課題の中に、南北格差をどうとらえるかという問題がある。

南北格差とは、開発途上国と先進工業国との間に起きる経済格差や対立問題の総称である。相対的に先進国が地球の北半球側に、途上国が南半球側に多いため、この呼び名がつけられた。

この問題が注目されはじめた一九六〇年代は、南北の所得格差は一対五程度であったが、一九八九年の世界銀行の統計では最大格差一対五八と大きく広がった。最近ではさらに広がっているが、こうした格差は、低所得国からの経済難民が発生する原因ともなっている。

国境を越えた取引の進展で、国家間に経済格差が生ずるとしても、それがなぜこれほどまでに南北に片寄るのだろうか？

この問いに関して、これまでの説明では全く根拠を明示できないでいる。だが、「地球と脳の対応理論」によれば答えは明快である。つまり、地球の五大陸は一つの脳の形をしており、北半球側は脳の前頭葉に、南半球側は後頭部に当たるからである。

人は、前頭葉を発達させることによって人類としての歴史的発展を遂げてきた。これに対し、後頭部はあまり発展していない。それと同じように、地球の前頭葉にあたる北半球側がより発展し、文明や産業の拡大を主要に推し進めてきたのに対し、地球の後頭部に当たる南半球はあまり発展しなかった。ために南北格差が生じたのである。もちろん、この視点は極端に開きすぎた南北格差を現状のまま肯定するものではない。

南極は生命維持装置

人体のうち、脳の後頭部は強打すれば死に至る。一方、前頭葉の方は、強く打っても死に至る事例はあまりない。もちろん、頭蓋骨が陥没するほどの強打であれば別だが、脳全体の中で前頭部はきわめて強い方である。これに対して、後頭部は鍛えようがないだけでなく、延髄など、生命維持に必要な中枢が密集しているため、激しく打ちつけてダメージを与えると死に至るケースが多いのである。

地球の後頭部にあたる南極も同じことがいえる。ただし、この場合のダメージとは、脳の後頭部のように強打すればということではなく、地球温暖化によって南極の氷が溶けて流れ出すという事態である。

仮に、南極氷床がすべて溶けて流れ出すと、海面は現在の状態から約六五メートル上昇する。これでは大半の都市は海に沈み、人類は相当程度、死滅する。後頭部にダメージを与えてはいけないわけで、南極が地球という脳の後頭部に当たるとする理由である。

大脳鎮静化機能

大脳は興奮性のシナプスを持つのに対し、小脳は抑制性のシナプスで活動する。これにより大脳全体を冷静に保つ働きが小脳にはあると考えられている。

この小脳による「大脳鎮静化作用」は、同じように、地球全体に対する南極にも認められる。南極の氷床は約三千万立方キロメートルあり、これは地球上の全氷量の九割程度に相当する。南極は地球全体の冷却源であるといってよく、寒い時期には冷源を保ち、暑い時期には氷を溶かして地球全体の温度と水量の調整をする。

この南極の働きは、地球という大脳の温度を抑制し、海水量を一定に保つ働きであり、「小脳による大脳鎮静化の機能」に相当するといってよい。

超大陸パンゲア

人の脳は、最初から左右に分かれていたのではない。

もちろん、中心溝を境にしての前頭葉、後頭部にも分かれていなかった。人間以前の脊椎動物での脳の進化を見ると、魚類では小脳と脳幹部（延髄、橋、中脳、視床など）の割合が大きく、大脳はきわめて小さい。それが、ほ乳類となって大脳新皮質が発達し、人間となって前頭葉が爆発的に発達している。左右脳の分化や前頭葉と後頭部の分化も、高等なほ乳類である人

超大陸パンゲア

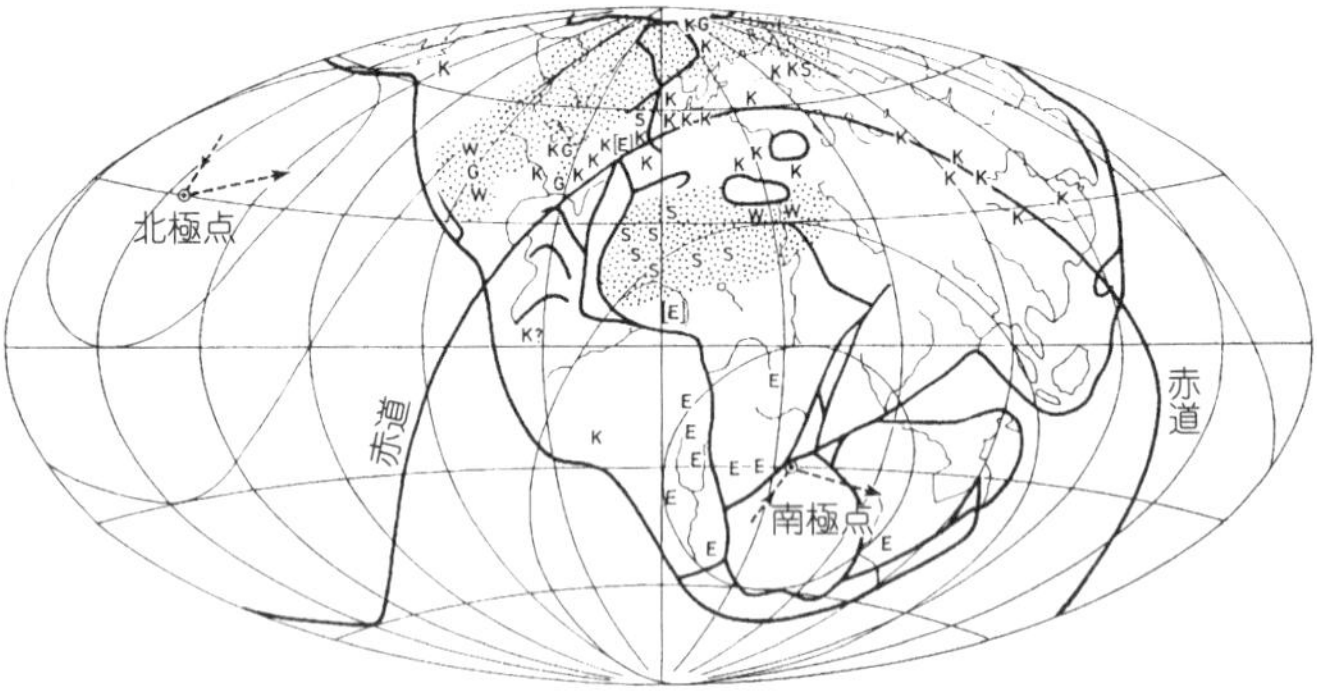

ウェーゲナーが再構築した石炭紀の地球。当時の南極点と北極点（◉印）の他、赤道、30度と60度の緯度が描かれている。赤道に沿って並ぶKは石炭鉱床、南極点周囲のEは氷河を示す。この地図はケッペンとウェーゲナーの共著で発表された。

間へと進化するにつれて明確となった。この脳発達のパターンは、地球を一つの脳と見た場合にもいえるのではないだろうか。

地球は昔、南極やオーストラリアも含めて一体であり、五大陸や南極大陸は分かれていなかったという説がある。ドイツの気象学者ウェーゲナーが一九一二年に発表した「大陸移動説」によれば、地球の大地は今から二億年前は超大陸「パンゲア」として一つであったという。そう考えることによって、アフリカ大陸と南米大陸にまたがる同一の爬虫類化石（メソサウルス）の存在や植生を説明でき、またアフリカ、ブラジル、インド、オーストラリアにまでまたがる氷河堆積物の存在を説明できるとした。

さて、人間の脳は、ヒト以前は未分化で

あった。左右脳、前頭葉などに分かれておらず、全体として小さく、かつ後頭部に偏って一つであった。人の脳は小脳および脳幹部を始まりとして、後に前頭葉や左右脳が分かれてきたわけで、南極を中心とした超大陸パンゲアからはじまった地球大陸の発展の歴史とよく似ている。

以上は、大西洋を中心に見るにしろ、太平洋を中心に見るにしろ、地球を一つの脳と捉えた場合の共通項目である。

大西洋を中心にして地球を一つの脳と見る

さて、時代は大西洋中心の時代からはじまった。大西洋を中心にして地球を一つの脳と見ると、一番大きいユーラシア大陸は右脳の前頭葉にあたる。アフリカ大陸は右脳後頭部、北米・南米大陸は左脳である。だが、この視点から見るとオーストラリア大陸は脳のどの部分にも該当せず、はみ出してしまう。

大西洋を中心に地球を脳と見る

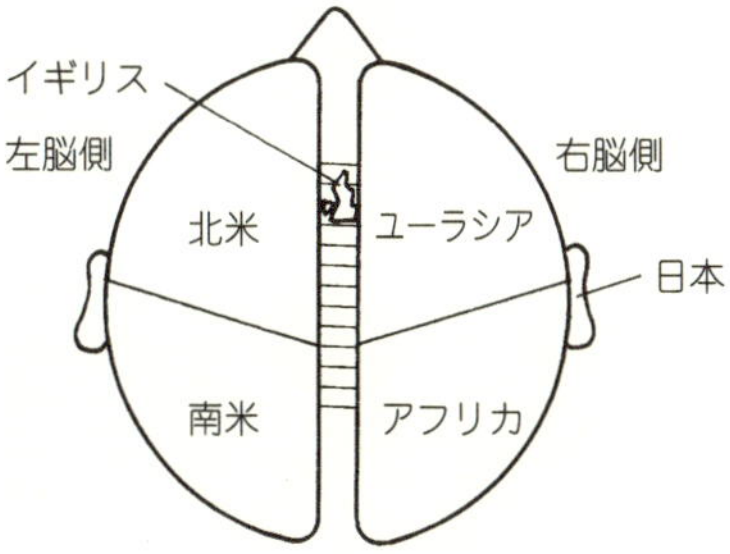

人類の文明史は右脳側半球からはじまった

人類の発達史を辿ってみると、古代の文明はインダス文明、メソポタミア文明、黄河文明など、どれもみな大西洋を中心に見て右脳側の大陸からはじまっている。さらに、エジプト文明を除いてどれも前頭葉側ではじまっていることはとても興味深い。

筆者は「ヒトは右脳側から発達した」と考えている。これは、脳がBA→B→O→(AB)→Aの順で発達したとする仮説とも重なるが、この考えは、地球を一つの脳と見た場合にも合致すると思われるのである。

現代の考古学において、最古の化石人類とされるアウストラロピテクス、ジャワ原人、北京原人、あるいはネアンデルタール人にしろ、その発見された地はどれもみな、アフリカとユーラシア大陸である。そして、それらの地は歴史上先行する環大西洋を中心に見た場合、いずれも右脳側なのである。古代四大文明も含めて、右脳側の大陸から人類がはじまったということは、ヒトの脳も右脳側から発達したことを指し示しているのではないだろうか。

人類は足から発達した?

人類は、足が発達することにより直立歩行が可能となり、このため、手が自由に使えるようになって大脳が大きく発達したと考えられている。よって、人類発展のキーポイントは「足の発達」であるといえる。

　では、地球を一つの脳と見た場合にも同じことがいえるであろうか。こう言うと、脳に足などあるのか、と思われるかもしれない。

　左の図は、カナダのペンフィールド博士らによる「大脳の中心溝に面する前頭葉運動野の断面図」である。これを見ると、大脳の前頭葉と後頭部を分ける中心溝に沿って、手や足、顔など身体の各器官を制御する機能が密集している。足を制御する領域は頭頂部に、手の指を制御したり、顔の動きをコントロールするのは側頭部にと、脳の中心溝に面して地図のように分布しているのがわかる。

　さて、人類史において今日の地球文明の形成に結びつくほどの爆発的発展をもたらした地域はどこかというと、ローマである。ローマの発展が西洋を築き上げ、キリスト教と近代科学文明とを世界に普及させた。もちろん、普及させた文明の中身は、ギリ

運動野の機能分布

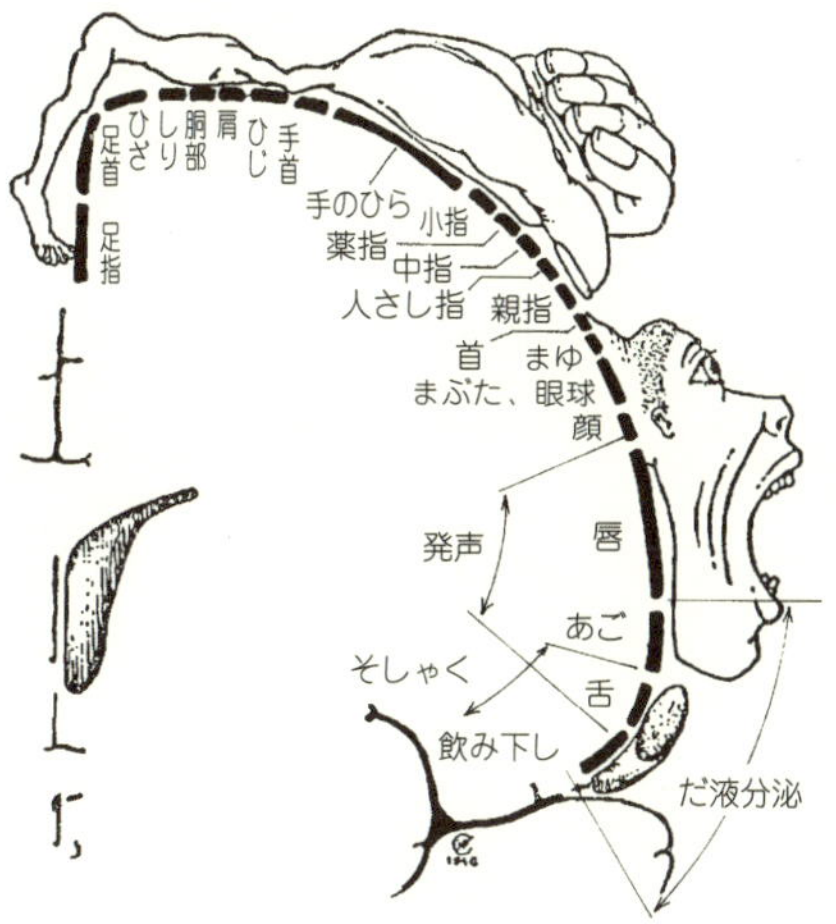

（ペンフィールド博士らによる）

シア文明であったり、キリスト教やその他の文化であったとしても、ローマの発展なくして人類の発展はなかったといってよい。かのルネッサンスも、はじまりはイタリアであった。

　そのローマであるが、イタリア全土を見ると「足の形」をしており、ちょうどユーラシア大陸を前頭葉として、脳の中心溝に存在する「足を制御する運動野」の近くに位置している。つまり、人類は「足とつながる」脳の部分から爆発的に発展したことになる。

　地球をつくるのと人の脳をつくるのと、全く同一にできないことはもちろんである。だが、主要な部位の形状や役割については、人類がいずれ根本創造主の存在を理解する時期となったらそれとわかるよう、地球の地形と脳の形、人類の発達史をも似せてつくっておいたと考えていただきたい。

我々は、根本創造主の偉業とご苦労に驚愕し敬服するのみである。

ローマとカルタゴ

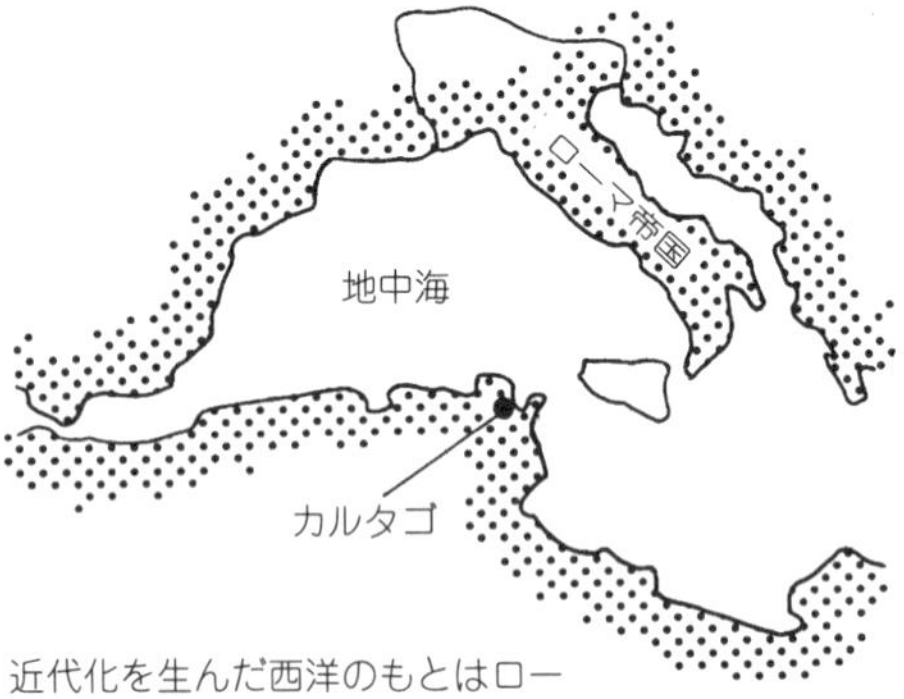

近代化を生んだ西洋のもとはローマ帝国だが「足」の形をしている。それは脳の運動野の「足を制御する位置」に当たる。

カルタゴの敗北は必然だった

地球を一つの脳と見た場合、ローマ帝国のもととなったイタリアは、前頭葉運動野の足を制御する位置にあることがわかった。大西洋を中心にみているため、ユーラシア大陸は右脳側であり、イタリアの示す足は左足であることがわかる。

筆者は、人間の進化は右脳側（左半身）からだったと推定している。左半身には心臓があり、全身に血液を送り込んでいる。ゆえに、左半身にかかる負担はその単純な重さ以上に大きいと推定され、その負荷の大きい左半身を支え続ける左足が強固に発達しなければ、人の直立歩行は困難だったのではなかろうか。

これは、人類の歴史におきかえてみても同様で、左足制御の右脳側に位置するローマ帝国から世界史がはじまったことは、この仮説を裏付けるものだといえるだろう。

さらにローマ周辺を見ていくと、色々とおもしろいことに気がつく。たとえば、地中海の覇権をめぐるローマとカルタゴの戦争である。ポエニ戦争と呼ばれるこの戦いは、前二六四年から前一四六年まで三度にわたって争われた。第二次ポエニ戦争の際は、カルタゴの武将ハンニバルのアルプス越えにより、ローマ軍は壊滅的打撃を負った。しかし、第三次ポエニ戦争にて、ローマ軍はカルタゴを三年間の包囲の末勝利し、カルタゴの都市は徹底的に破壊された。この戦いによりローマは西地中海の制海権を完全に握り、帝国発展の巨大な礎を築いたのである。

さて、負けたカルタゴの位置は、大西洋を中心に地球を見た場合、右脳の後頭部先端にあたる。一方のローマ帝国は右脳前頭葉の端である。つまり、この戦いは、脳の中心溝を境にして、前頭葉と後頭部のどちらが主導権を握るかという争いの地球版だったと捉えることができる。カルタゴが勝てば、脳の後頭部が前頭葉を押さえて主導権を握ることになり、脳発展の法則に反する。地球と脳の対応理論からすれば、ローマ帝国は勝つべくして勝ったといえる。

生みの苦しみの戦い

ローマから地中海をさらに東へ入ると、エルサレムに突き当たる。エルサレムの地は、兄弟関係にあって互いに他を批判、排斥せんとしている、ユダヤ教、キリスト教、イスラム教という三宗教の共通の聖地である。

大西洋から地球を一つの脳と見た場合、このエルサレムは右脳の前頭葉と後頭部のちょうど接点にあたる。それはちょうど、人の脳においても前頭葉を大きく発展させるために「生みの苦しみ」の戦いを経験した部位であることを示すかのようである。

エネルギーの二重性が発達をもたらす

これまでの世界史の中で中心的役割を占めてきた西洋は、血液型民族分類でいえば左脳優位のＡＯタイプであり、その位置は、大西洋を中心に見て右脳前頭葉の位置にあたる。

これまで二〇年以上にわたって続けてきた血液型気質と脳、地球の対応の研究によって確信できる結論は、血液型に象徴される、質、方向の異なるエネルギーが二重に存すること、すなわち「二重性」を持つことが、個人においても民族においても、発展の条件だ、ということである。

「それでは性格も二重人格がよいのか」といわれそうだが、陰日なたのある、言行の信頼性に欠ける二重性という意味ではない。

人は誰しも、右脳と左脳という全く相異なる働きをする二つの脳を持つ。大脳と小脳の違いも含めて、そもそも人の脳は二重性によって成り立っている。二つの相異なる脳を持つがゆえに、それを統合する前頭葉はより大きく発達した。まさに、二重性のあることが今日の人類の発展をもたらしたといえる。

この観点から見れば、近代化の過程にあって歴史の先頭を走ってきた西洋は、環大西洋時代にあって、右脳・前頭葉の位置にあり、ＢＯ（あるいはＯＢ）タイプの地球エネルギーが働く位置にあった。彼らの民族タイプはＡＯタイプであるから、地球エネルギーと合わせて、明らかに質の異なる二重のエネルギーが西洋人に働いたことになる。

一方、同じ右脳側の大陸にあって西洋以上に古い歴史を持つインドや中国は、ＢＯタイプ、Ｏ

Bタイプと、いずれも右脳に偏った民族であったため、二重性の力は働かなかった。それゆえに近代化の過程において、インドや中国は西洋の後塵を拝してきたといえる。

地球における視床下部にあたるイギリス

脳の中心の脳幹部に、視床下部という小さな器官がある。視床下部は、最古に近い脳でありながら、きわめて重要な働きをしている。

人は、意識外のところで体温や血圧の調節、呼吸や消化、水分の調節や新陳代謝を行っているが、これらの自律神経による働きを、最上位でコントロールしているのが視床下部である。また、視床下部には食欲を生ずる摂食中枢や食欲を失わせる満腹中枢があり、成長ホルモンを分泌させる指令所でもある。ホルモンを分泌して、女性の生理サイクル、男性の精子製造、性欲をも最上位からコントロールする。このように、視床下部が受け持つ役割はきわめて重大で、「脳の中の脳」といわれるほどである。

さて、地球を一つの脳と見た場合、この視床下部に該当する国はイギリスであった。視床下部が前頭葉内奥の中心にあるように、イギリスも環大西洋時代では前頭葉側の中心に位置を占める。

イギリスの国土は、地球の全陸地に対してきわめて小さいが、同様に視床下部もきわめて小さい。脳幹や脊髄を含めた脳全体の重さは大人で約一四〇〇グラムであるのに対し、視床下部は約四グラムと、脳全体の約三五〇分の一の大きさしかない。

このように捉えてみると、なぜイギリスがこれまでの歴史で重要な地位を占めてきたのかが理解できるだろう。大海に浮かぶ小さな島国のイギリスが、現代につながる物質文明の飛躍的発展のもととなった産業革命を先行させ、植民地獲得競争でもフランスやオランダに勝利した。第二次大戦後にアメリカに覇権を譲るまでの長い間、「大英帝国に日の沈む時はない」というほどの隆盛を極めたのは、イギリスが海洋国家であったから、というだけで説明できるものではないし、彼らの能力が特別に優れていたわけでもない。それは、地球を一つの脳と見て、イギリスが「脳の中の脳」と呼ばれる視床下部の位置にあったからなのである。

世界をつなぐ脳梁の発達

右脳と左脳の間には、両脳をつなぐ「脳梁」がある。脳梁は左右脳を結んでいる神経繊維の束で、左右脳の情報伝達を受け持っており、これを分断すると、左右脳は外界からの刺激を別々に受け取り、別々の反応を示すようになる。

脳梁は、左右脳をつないで両脳を一体として働かせる機能を受け持つが、地球を一つの脳と見た場合にも脳梁は存在する。もちろん実際の脳と違って神経繊維の束が走るわけではないが、大西洋を中心に見て、右脳側の西洋と左脳側のアメリカで、活発な人の移動や情報交換が行われてきた。この交通網や情報伝達網が脳梁とみなせるわけである。

ヨーロッパ・アメリカ間での情報伝達が豊かであったからこそ、物質文明としては後発のアメリカが、大戦後の世界において様々な面で時代をリードする国家として君臨することができた。

西洋のピューリタンがアメリカへ移住しだしたのは一六〇〇年代、アメリカの独立宣言は一七七六年である。それ以前からアメリカ大陸は存在し、アメリカ・インディアンなども居住していたが、ユーラシア大陸とは情報面でつながっていなかった。

人の脳梁も最初はつながっていない。出生後に時間をかけてつながるというが、人類の地球的発展もこれに似て、左右の大陸が頻繁につながるのは、ある一定年代に達してからということなのだろう。

環大西洋時代の日本とアメリカ

環大西洋時代にあって日本は、ユーラシア大陸のさらに左端に位置する。これは、人の頭に置き換えてみると右耳の位置にあたる。右耳は左脳とつながっており、環大西洋の時代にあって左脳とは北米大陸である。

一八五三年、アメリカのペリー来航による江戸幕府開国、そして戦後のアメリカの対日占領政策と、日本の国体は主にアメリカからの圧力によって大きく変化してきた。このような日米の持つ不思議な縁も、地球を一つの脳とみて日本を右耳、アメリカを左脳と考えれば、つながって当然であろう。

太平洋を中心にして地球を一つの脳と見る

次に、太平洋を中心に地球を一つの脳と捉える視点で世界を見てみる。世界地図を広げて太平洋を中心に見ると、日本が中心近くの内側に来る。日本人には馴染み深い地図である。だが、それだけではない。時代としても、すでに地球レベルで太平洋中心の時代へと切り換わっているので、この視点から地球を見ると、各国・各地域の未来予測がある程度可能となる。

地球を一つの脳と見て、世界の中心が変わるということは、これまで右脳の位置にあったユーラシア大陸が左脳の位置となり、左脳の位置にあった南北アメリカ大陸が右脳の位置に変わったことを意味する。これは、脳でいえば左右脳が逆転したようなもので、きわめて重大である。

それでは、いつ頃から太平洋中心の時代に変わったのかというと、その転機は、一九六〇年以降、一九七二～三年頃、一九八五年頃と色々に考えられる。大きな歴史の転換であるから截

月齢に伴う異常現象

月齢に伴う異常現象—A　1984年12月9日～1985年1月22日（同時刻に記号が複数なのは複数名で観測したもの）。この期間は月齢にきれいに対応する変化を示した

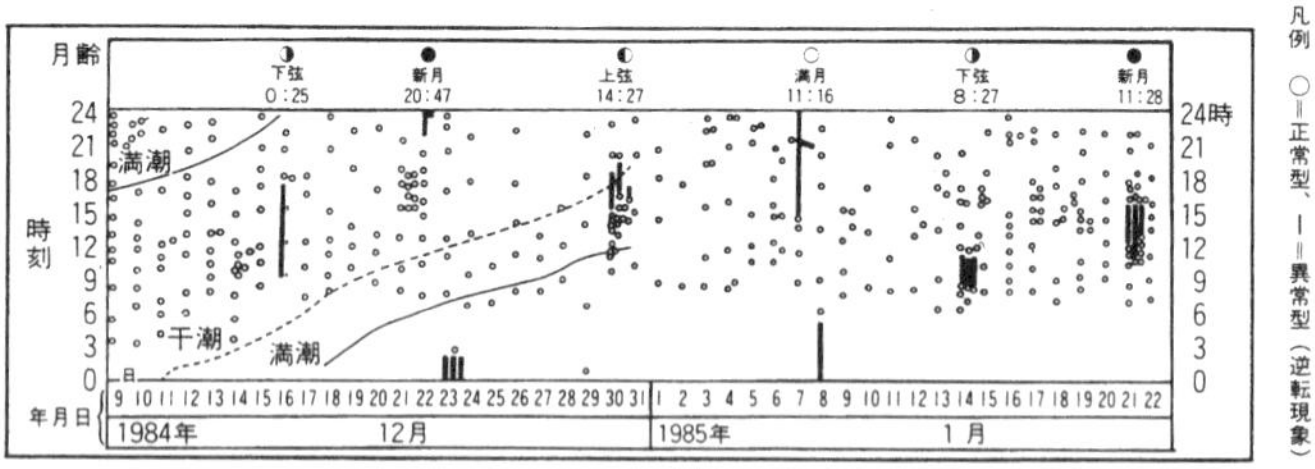

月齢に伴う異常現象—B　1985年7月22日～9月4日（抜粋）。不明な原因による異常現象は北欧、ソ連でもみられた

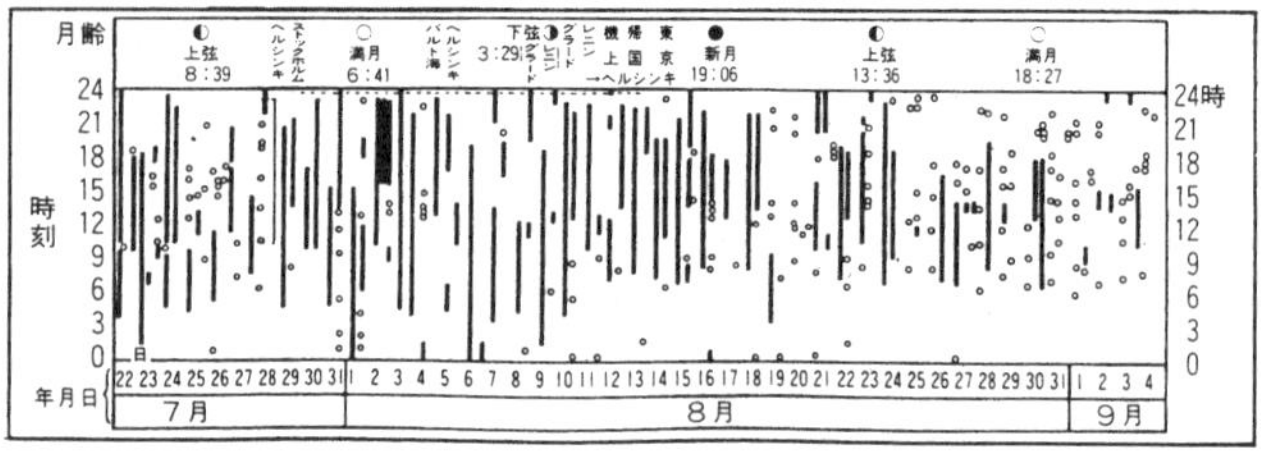

（角田忠信著「右脳と左脳」小学館より）

然と区切るのは難しいが、ここでは一九八五年説を採りたい。

その根拠は何かというと、日本人の脳の特殊性を実証的に指摘した角田忠信博士の研究成果にある。角田博士の研究では、一九八四年秋から、人の左右脳の逆転現象が起こっているという。以下に角田博士の研究報告を抜粋する。

「現在は正常な人の脳の反応からみると、たいへん異常な時期である。一九八四年秋から月齢と同期して正常型は逆転型に、また逆転型は正常型に左右性が入れ替わることが見いだされ

た。この変化は、右耳（言語音）左耳（非言語語音）の正常型の両耳の特徴が一時的に切り替わる現象で、大脳新皮質の局在が替わるわけではない。

異常に逆転を示した時期に、左側頭部に温熱刺激を加えると、非言語音の優位耳は元の左耳に替わるが、子音「た」、母音「あ」では変化しないことから、（大脳新）皮質の局在が替わるものではなく、皮質下のスイッチ機構のレベルでの変化といえよう。

……（中略）……この変化は青森から岡山までの本州の全域にみられ、その後の観測で北欧、ドイツ、レニングラードでも観察されたので、すくなくとも北半球全域で起こった変化と推測された。一九九〇年代になってもこの異常は続いている」（角田忠信著『右脳と左脳』小学館刊より）

角田博士によれば、脳には、大脳新皮質の左右脳のスイッチ機構のほかに、中心部の脳幹にもスイッチ機構があるという。脳

脳内スイッチ機構

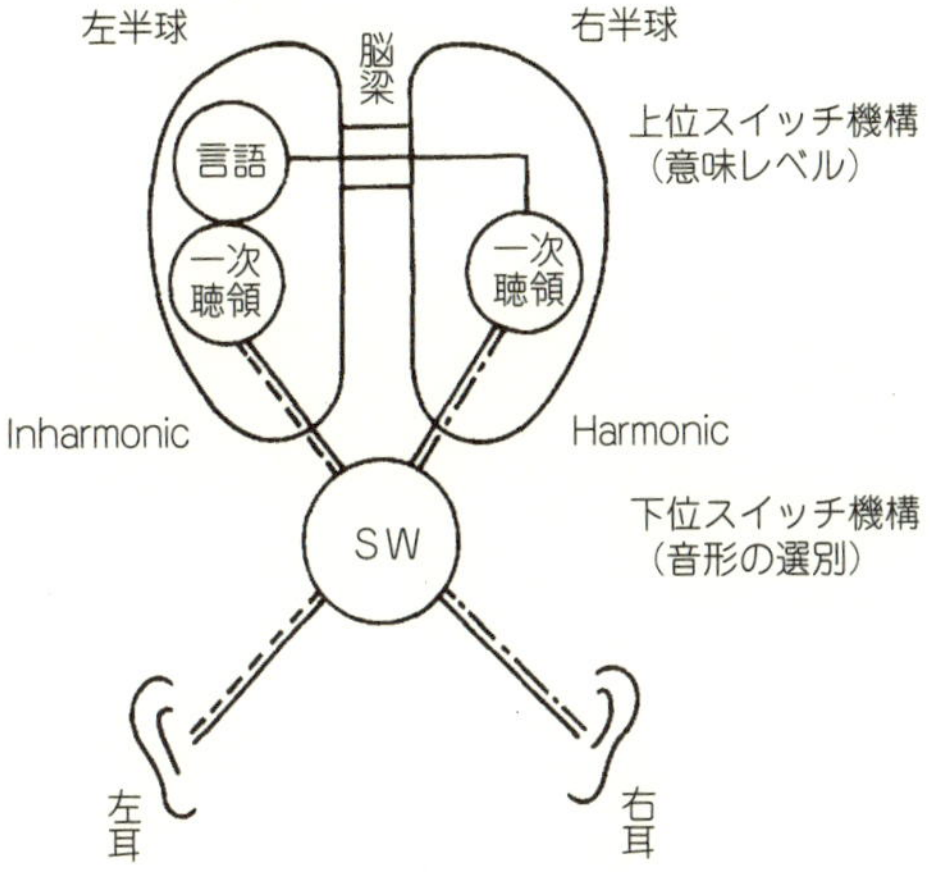

（角田忠信著「右脳と左脳」小学館より）

幹とは脳の内奥にある間脳、中脳、橋、延随などをいい、呼吸や血圧、嘔吐など、生命維持の中枢を担う重要な機関である。

一九八四年秋以降、脳の二重のスイッチ機構のうち下位スイッチともいうべき脳幹部のスイッチ機構が逆転し、これは現在も続いている。博士はこの逆転を、当時、地球に接近したハレー彗星のせいではないかと推定している。ちなみに、七六年周期のハレー彗星が地球に最接近したのは、八五年十一月から八六年四月にかけてである。

しかし、筆者の見解はハレー彗星説とは異なる。「地球と脳の対応」理論に即して考えると、地球と脳とは単に相似形を成しているだけでなく、もっと奥深いレベルで連動している。つまり、地球が環大西洋の時代から環太平洋中心の時代に変わり、それぞれの左右脳に対応する大陸の位置が変わったために、人の脳における下位スイッチも変わったということになる。

人類発展の順序として、近代化を推し進め物質文明を築くためには、大西洋中心の時代を先行させる必要があった。西洋人はAOタイプの民族であるから、地球を一つの脳として前頭葉右脳側の位置にあれば、「二重性の力」によって多大な力を発揮する。そのための環大西洋時代であった。

だが、近代化は極限まで進み、その結果たる物質文明の偏重は地球の重荷となるところまで進んできた。その頃合いを見計らって、地球全体の環太平洋への転換とともに、人の脳の下位スイッチをも変えられたのだと考えられる。これを誰が変えたかというと、地球という生命体である。つまり、地球は人類を生んだ母として、人の脳スイッチを奥深いところで変えられるほどの「偉大な力と明確な意思を持った意識体」と捉え直すことができる。

一九八五年は環大西洋から環太平洋への転換の年だった

結論として、環大西洋時代から環太平洋時代への地球レベルでの明確な転換は、一九八四年秋から一九八五年にかけてである。そう考えると、一九八五年は、次の中心になる日本にとって重大な転機となった年であった。四月にはＮＴＴと日本たばこ産業の民営化がスタートし、八月には五二〇人を乗せた日航ジャンボ機の墜落、三光汽船の倒産、また、この年はじめて日本の対米貿易が黒字となり、アメリカの対外純資産はマイナスに転じた。このため、九月に行われた先進五ケ国によるプラザ合意を転機に、円はそれまでの二四〇円台から一気に円高に向かった。日本でバブル景気がはじまったのもこの頃で、八五年から八九年にかけて、土地も株価も異常に高騰した。これらの重大な転機は、すべからく地球生命の下位スイッチが変わったことに関係していたと考えてよいのではなかろうか。

もちろん、通常の我々は脳の内奥の脳幹部ではなく、もっと表層の大脳新皮質で記憶し、思考している。だから、日常の市民生活、家庭生活に追われていると、脳の内奥からの発信に変化があったとしても、一般の人は無視するか忘れてしまう。

角田博士によれば、脳幹スイッチの逆転中は頭が重く感じ、風邪をひいたような状態になるようである。しかし、それを過ぎてしまえば、人はまたそれまでの思考パターンを引きずって新皮質中心の生活に戻ってしまう。だから、地球の環太平洋時代への転換を受けて脳の内奥のスイッチが変わったとしても、個人の行動の変化や、それぞれの国家民族の動向に変化があらわれるには時間差がある。

最古最深の脳幹部はオーストラリア

さて、時代は太平洋中心の時代に変わった。この視点から地球を見ると、すべての大陸がおさまるべき位置におさまり、全体として調和がとれた形となる。

第一に注目すべきは、オーストラリア大陸である。環大西洋時代のオーストラリアは全体からはみ出してしまっていて、脳に対応する部分は与えられていなかった。ところが、太平洋を中心にしてみると、オーストラリアは位置的に脳幹部にあたるのが見てとれる。脳幹部とは、ほ乳類以前の時代、五億年以上かかって進化した脳の最古最深の部分である。古いだけでなく、爬虫類の脳全体にも似ていることから、多くの科学者が「爬虫類脳」と呼んでいる。

オーストラリア大陸が、最古の脳である脳幹部と「古さ」という点で共通性を持つことは、この大陸がきわめて古い大陸であることからも明白である。たとえば、大陸の西海岸近くに広がる半砂漠地帯「ピルバラ」は、今から三五億年前の地球最古の大陸地殻を現在も残している。このピルバラ地方がどのようにしてできたかを解明できれば、原始太古の大陸がどのようにしてできたかを知ることができる、とされるほどである。

また、この大陸では、世界最古の生物の化石が発見されている。発見者は米カリフォルニア大のウィリアム・ショップ博士で、その化石の形状等から、現存するシアノバクテリアとほぼ同種のものであると結論を下した。

太平洋を中心に地球を脳と見る

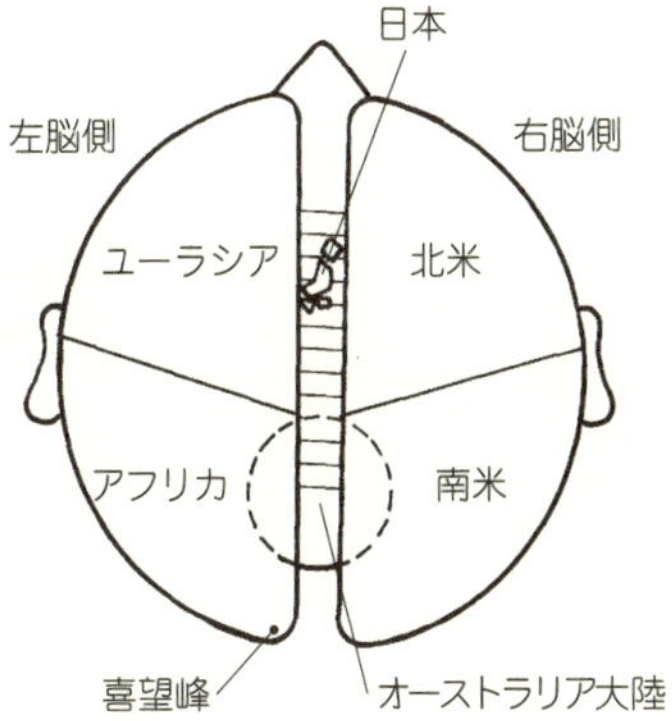

シアノバクテリアは長さ一〇〇分の一ミリに満たない微生物で、太陽の光を用いて水と二酸化炭素から酸素をつくる。植物のように光合成を行い、その廃棄物として酸素を吐き出すのである。これと同種の化石であるから、まさに三五億年前にオーストラリア大陸に発生していた微生物によって、それまで大気中にほとんどなかった酸素がつくり出されていたことになる。

アジアの発展は成るべくして成る

「二つの相異なるエネルギーの働く、二重性を持つ国家・民族ほど発展する」という法則のあることを先ほど紹介した。環太平洋時代には、二重性を持つ国家・民族が増えるという特徴を持つ。

環太平洋時代となると、ユーラシア大陸は左脳側の位置、南北アメリカ大陸は右脳側の位置にくる。このため、インドや中国など血液型B型の多いアジアの諸民族は、地球の左脳側の大陸に住むことになる。

アジアはここ十年ほど、中国をはじめとして躍進が謳われ、インドも大国化の兆しがはっきり見えるなど、経済的発展の傾向は目を見張るものがある。これも環太平洋時代に転換したことにより、B型優位の民族の住む大陸が、A型優位の左脳側に変わり、エネルギーの二重性が働き出したためと解釈することができる。

一方、OAタイプのアメリカやA型の多いカナダなどは、今度は右脳側の大陸に住むことになる。両国も、民族のもつ血液型エネルギーと地球大陸のエネルギーが異なって、エネルギーの二重性が働くことになる。また、BAタイプとして後頭部が主座の日本も、環太平洋時代にあっては地球という脳の前頭葉中心部に位置を変え、明らかに二重のエネルギーが働く位置に来る。

環大西洋時代にあってエネルギーの二重性が働く民族は、民族分類六タイプのうち、わずかにヨーロッパ、そして一部ロシアのみであった。そういう意味では、環太平洋時代となったことにより二重のエネルギーの働く国は明らかに増えるわけで、地球がやっと全地域的に光輝く時代に入ったといえる。

環太平洋時代の西洋はどうなるか

環太平洋時代においては、相対的にアジアが隆盛となるが、一方、西洋はどうなるであろうか。

西洋は、環太平洋を中心に地球を脳と見ると、前頭葉の左脳側に位置することになる。民族タイプとしてＡＯタイプであり、地理的に二重性は働かなくなるから、当然に相対的地位は劣勢となるはずである。ところが、よく見ると左脳のさらに左端に位置することになって今度は別の力が働き、彼らの没落を助けることになる。それは何かというと、脳でその位置にあるのは「発語を担当するブローカの領野」である。

つまり、西洋は地球を脳と見た場合のブローカ領野の位置に来るから、その自己主張、自己表現の巧みさによって、相対的な国力の低下をカバーできるという予測が成り立つのである。

ＥＵは巨大な錐体細胞

ヨーロッパについてもう一つ、ＥＵ（欧州連合）を取りあげたい。ＥＵは、欧州の統合を目指し、外交・安全保障政策の共通化と欧州単一通貨への統合などを想定して設立された。欧州憲法条約の発効を目指して開始された国内批准手続きがフランスとオランダの国民投票で否決されたことにより、一時期は後退したかの印象があったが、二〇〇七年にはルーマニアとブルガリアが加盟し、二七ヵ国に拡大している。ＥＵの拡大で欧州全域をカバーする巨大な連合国家が成立しつつある。

脳でも、左脳前頭葉側には巨大な錐体細胞がある。その役割は明らかではないが、ＥＵはちょうど、地球という一つの脳の上に巨大錐体細胞の国家をつくるようなものである。環太平洋時代となることで、すでに左脳前頭葉側の大陸には、巨大なアルプス山脈やヒマラヤ山脈が存在する。ＥＵはそうした自然の造形とは別に、人工的に巨大錐体細胞の国家をつくるのである。

世紀末の戦い

中近東付近に目を転じると、イスラエルのパレスチナ占領や、四度に及ぶ中東戦争、イラン・イラク戦争、湾岸戦争、そしてイラク・アメリカ戦争など、ここ三〇～四〇年ほど戦争が絶えない。その最も大きな理由は、イスラエルによるパレスチナ占領の他は、この地域が石油の主要な産地であるためなのは疑いがない。

しかし、地球を一つの脳と見れば、また違った見方が可能となる。中近東は環太平洋時代にあっては左脳側の中心溝の位置となり、この地域での紛争の多発は、前頭葉左脳側の運動野が冷静な統御を失っている状態であるといっていい。

こうした紛争の多発は、その地が左脳の地に転換しているだけに、より世紀末的である。なぜなら、左脳はゼロか一かのデジタル思考で作動する。その結論は、完全排除か完全同化のいずれかとなりやすい。つまり、排除にしろ同化にしろ、デジタル的な完全性を求めるわけで、この思考パターンが争いに適用されれば、一方の民族が絶滅するまで進みかねない。早急に「互いの棲み分け」を考えないと、現在は使用する武器が発達しているだけに危険である。

アフリカの砂漠の意味

アフリカ大陸は、環太平洋時代にあっては左脳後頭部にあたる。この地は、現在半分以上が砂漠である。アフリカの砂漠化は、一九七〇年前後に起きたサヘル砂漠の干ばつが八〇年代はじめにアフリカ全域に拡大して急速に進んだ。多少の時間差はあるが、環太平洋時代の幕明け間近となって砂漠化したと考えてよい。

地球の砂漠化は、アフリカにはじまり、最近では中国黄河の流域も年々、相当な速度で砂漠化している。これは、現代物質文明による工業化の進展と軌を一にする。その砂漠地帯が、アフリカ、ユーラシア大陸など、太平洋を中心に見て左脳側に多いのは不幸中の幸いだろう。

一般に、人は右半身不随となってもリハビリで元の身体に回復可能であるが、左半身（右脳側）が不随になると回復が難しいことが多い。これは、左半身とつながる右脳側が、より生命維持の根本と直結していることを意味している。そして、このことは地球を一つの脳と見た場合も同様と推定される。

つまり、砂漠化する地域が左脳側の大陸であるなら、努力によって回復が見込めるが、右脳側、つまりアマゾンのある南米大陸や北米大陸で砂漠化が進行した場合、回復や代替はきわめて難しいということになるからである。

ちなみに、東北大学教授の川島隆太氏の研究によれば、単純な計算を行っている時は左右の脳を使っているが、複雑な、難しい計算を行っている時は左脳の側頭葉しか使っていないという。意外であるが、こうしたことも脳と地球の砂漠化とが対応している証拠といえる。

どういう意味かというと、左脳は複雑な計算を単独で受け持つ。つまり、人類の未来への複雑な計算的予測は左脳が受け持つのだろう。すでに、現代物質文明の拡大再生産は相当に問題を露呈してきた。地球温暖化、森林の消失、大気汚染、酸性雨など経済至上主義のもたらす結果は、その利点を超えて弊害が著しい。このままいけば人類は終末を迎えるという長期予測計算が出ているのに、各国政府はこれを無視し、あるいはおざなりの対策しかとっていない。これは、そうした長期計算とは別個に「なに、私達の生きている間は大丈夫」との、希望的予測計算を左脳において行っているためと推定される。

つまり、左脳はこれまで左脳優位の歴史が長く続いた結果、右脳からの警告的信号を無視することに慣れ、真実とは異なるきわめて楽観的な予測計算しか前頭葉に与えていないと思われる。それは、重要な事項において必要な英知を生み出せなくなった「左脳の砂漠化現象」だといえる。この左脳の機能不全が、地球を一つの脳と見た場合の左脳側の砂漠化をもたらしていると推定されるのである。

もちろん、アフリカや他の地域に緑を復活させるには、それに見合った合理的な対策が必要である。しかしながら、人が地球大地からのエネルギーによって影響を受けるのと同じように、地球もまた「人々の意識のつくり出す波動」によって影響を受けるのである。こう理解しなければ、なぜアフリカだけ先行して大陸の大半が砂漠化したのか説明できない。

酸性の地に住むA型民族

地球を脳と見る視点を展開していくと、不思議なことに気づく。その一つは、顔の前面にあたる北極側の高緯度地域、カナダ、ロシア、ノルウェー、スウェーデンなどにどうしてA型が多いのか、という疑問である。その地域は前頭葉のさらに前側であるから、本来O型が多いはずなのである。さらに、北極近くに住むエスキモーもA型が多いという調査結果がある。

この疑問は、アーユルヴェーダのドーシャを参考にすると解決する。血液型A型は、ドーシャでは「カパ体質」であった。カパは、体の構造を支配すると同時に体内の分泌物を出す役割を担っており、中心的ポイントは胃である。胃は濃度一・五もの強酸性の胃液を出す。つまり、血液型A型のエネルギーはカパを通じて酸性と親和性を有している。

一方、人の体は、血液をはじめとして全体として弱アルカリであることが健康の条件だが、体の表面はどちらかというと酸性である。脇の下など汗の分泌の多いところや、顔の表面など脂分の多いところは特に酸性が強い。つまり、顔の前面は相対的に酸性が強い。

地球において、酸性の強い顔の前面にあたる北極側にA型優位の民族が住んでいるのは、こうした、地球上に働く見えないエネルギーのためだと思われる。

大脳の三つの区分

同じく、北極側の高緯度地域の特徴として、この地域に住むカナダ人、エスキモー、スウェーデン人などの気質を見ると、平均して穏やか（バランスの悪い状態のロシアを除く）で、精神性を重視して生きる民族が並んでいる。これは、とかく行動的・攻撃的なアメリカ人や、何があってもプライドを守り通す、欧州中心部の市民とは大いに異なっている。

人の大脳新皮質は大きく三つに区分され、額《ひたい》に近い一番前の部分は、精神の活動を統括する「精神系」である。中心溝に近い部分は運動の指令をする「運動系」であり、中心溝より後ろの後頭部は視覚や触覚などの「感覚系」と区分できる。

大脳新皮質の機能は三つに区分される

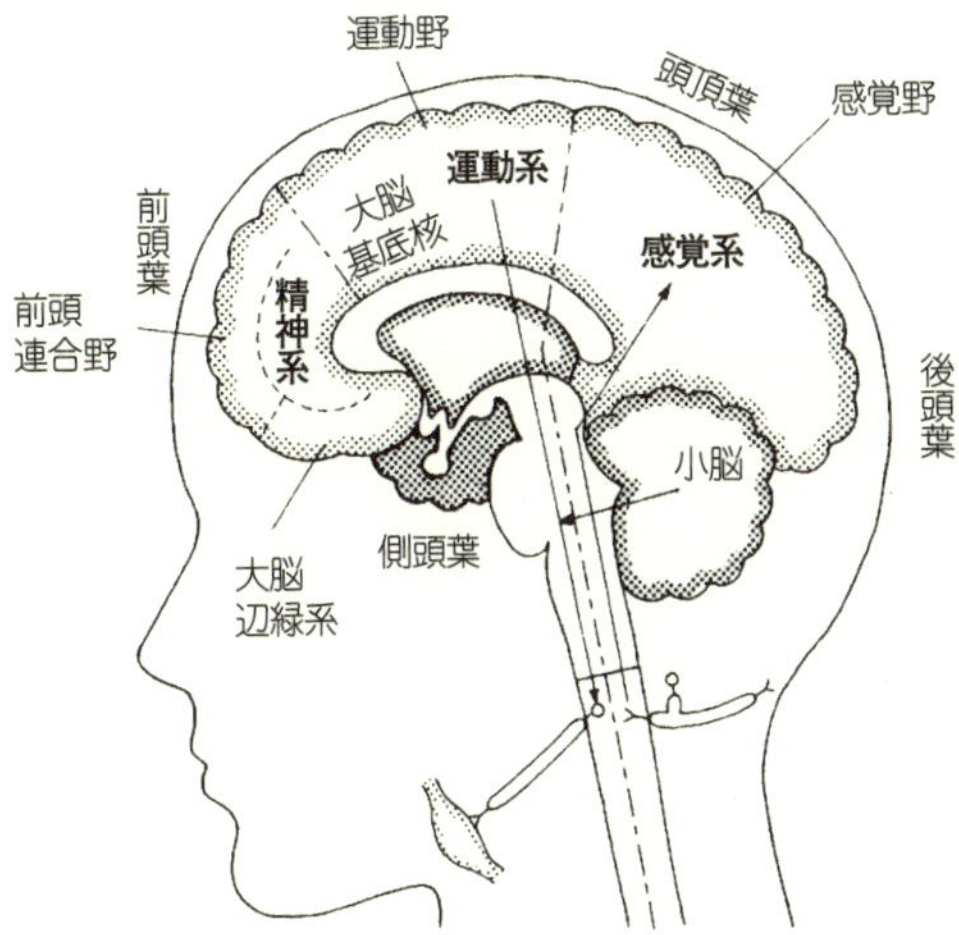

このように、前頭葉の一番前の部分は精神系を担っているが、地球を一つの脳と見た場合のこの地域、つまり北極側の高緯度地帯にも同様のエネルギーが働き、精神性を重視して生きる人々が住むようになったのだと考えられる。

また、民族分類において、日本人は計画を目標以上に達成してきたが、ロシア計画経済は大半が計画倒れだった。この違いは、日本が北半球中緯度地帯にあったためだと考えると説明がつく。なぜなら、地球を一つの脳とみると、北半球中緯度地帯は大脳新皮質の「運動指令を出す位置」である。目標達成のためには具体的な行動が必要だと知れば、日本の位置は「地球という脳の運動野」に当たっており、ちょうどよい。一方ロシアは、運動野から離れた、精神活動を統轄する高緯度地帯に位置している。これでは計画ばかりで、実現に必要な「行動」が伴わず、計画がうまくいかなかったこともうなずけるのである。

地球を脳と見立てた場合の大脳との対応

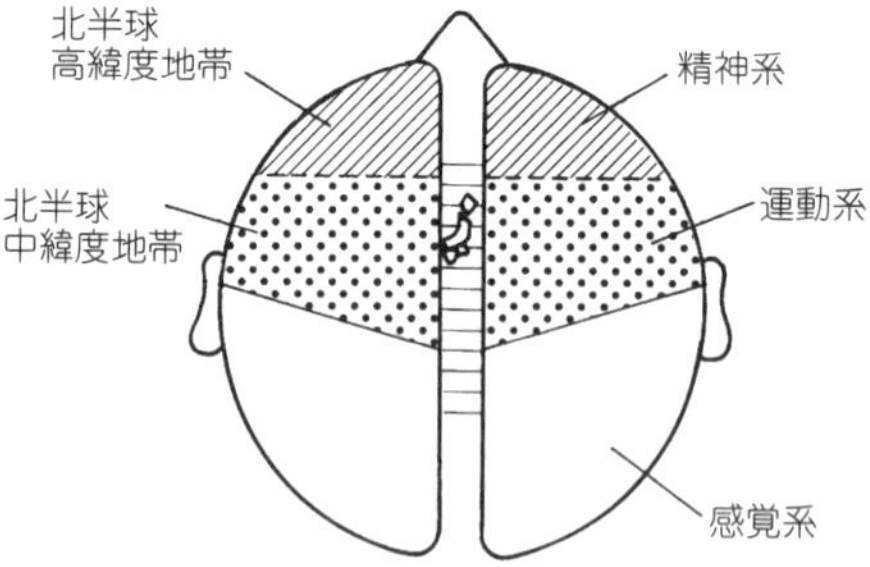

北半球中緯度地帯発展の謎

大脳新皮質の「精神系、運動系、感覚系」の三つの区分は、さらに別の重要なことを教えてくれる。それは、北半球の中でも「発達した先進諸国の中心都市は北半球中緯度地帯に多い」という事実である。

ロンドン、ローマ、パリ、ニューヨーク、ロサンゼルス、そして東京と、繁栄を極めた大都市はもちろんのこと、先行して近代化を成し遂げた国家・民族は、おおむね北半球の中緯度地帯にある。このこと自体、地球を一つの脳と見て、北半球中緯度地帯が「地球の運動系」に位置する結果だといえる。

さらにいえば、大まかに見て歴史の発展は集団の大移動がもたらした。ローマ帝国の建設はローマ軍の果敢な大移動によって達成されたし、中世のヨーロッパはゲルマン民族の大移動によって形成された。そして教会や騎士という西洋の中世的権威を没落させ、後のルネッサンスをもたらしたのは十一世紀末から七度に及んだ十字軍の遠征である。

また、チンギス＝ハンの指導のもと、たぐいまれな機動力を発揮したモンゴル帝国は、十三世紀の世界最大版図を筆頭に、約百年間にわたってユーラシア大陸の大部分を支配した。モンゴル帝国は貿易を重視して幹線道路の整備と安全な往来につとめ、東西交流・東西貿易の発展に大きく貢献し、ヨーロッパ人の東方への関心を大きくそそった。さらに、西洋世界の価値観を一新させ、近代化の夜明けとなったのはコロンブスのアメリカ大陸到達やマゼランの世界周航などによる。

これらの大移動がなければ、歴史は停滞して動くことはなかったろう。驚くべきことに、これらの大移動のどれもが、脳において運動系をつかさどる領域と対応する「北半球中緯度地帯」で起こっている。

このことは、地球を一つの脳として、ヒトの大脳と同様のエネルギーを人類が受けている有力な証拠であるし、同時に地球からの特別なエネルギーの支援がなければ何一つ歴史的な物事は成就しないことの証明でもあろう。

アメリカと中国を橋渡す脳梁

環大西洋時代にあって、左右脳をつなぐ脳梁の役割はヨーロッパとアメリカの頻繁な通信・交通がそれにあたっていた。これが環太平洋の時代にあってはアメリカと中国との間で働く。

一九七二年の米中首脳会談でルートができて以来、八九年の天安門事件や、九六年の中国による台湾向け砲撃演習、二〇〇一年のアメリカによる台湾への武器売却などが起こっており、両者の交流進展は決してスムースではない。しかし、その間もアメリカは中国への貿易面での最恵国待遇を変えなかったし、中国もアメリカへの輸出を増やし続けてきた。互いに大国でしたたかな政治能力があるから、牽制し合いながらも、今後米中間の交流が大量かつ頻繁となるのは必然である。

脳において、脳梁が活発な情報交換を行わなければ、人は左右脳のすべてを均等に使えない。地球も同じように米中間の交流という脳梁が働かなければ、世界五大陸の重要な民族の知恵を使えない。そういう意味でこの二国間の関係が活発で良好なことは歓迎すべきことだといえる。

海馬の位置に来る国は強国となる

先に、短期記憶を受け持つ海馬はO型気質のエネルギーで働くと述べ、その理由として海馬の位置・形状からの連想を挙げた。海馬は地球に置き換えてみると主にアメリカ、および中国の位置にあたる。

ちなみに、北米大陸と中国の宗教・言語の文化圏をなぞっていくと、どことなく「恐竜」の形に似ていることに気がつく。北米大陸をプロテスタント圏で見ると、アラスカが恐竜の頭、カナダの西海岸のプロテスタント圏は恐竜の首で、アメリカ合衆国は恐竜の胴体である。一方、中国をラマ教地域を除いた中国語圏で見ると、北が頭、黄海・東シナ海に面した海岸沿いは恐竜の背中である。

これに対し、脳の海馬はタツノオトシゴに似た形をしている。地球を一つの脳と見た場合、海馬のあるべき位置にO型気質優位の中国とアメリカがあり、そのいずれの文化圏も恐竜の形をしている。タツノオトシゴ＝竜＝恐竜という連想を働かせて、海馬はO型気質としたのだが、うがちすぎだろうか。

いずれにしろ、海馬は脳の記憶の貯蔵に重要な役割を果たす器官であるが、地球を一つの脳と見ると、海馬の位置にはO型気質の最も強いアメリカや中国がくる。この点も環太平洋時代の特徴である。

北米プロテスタント圏と中国語圏はいずれも恐竜の形をしている

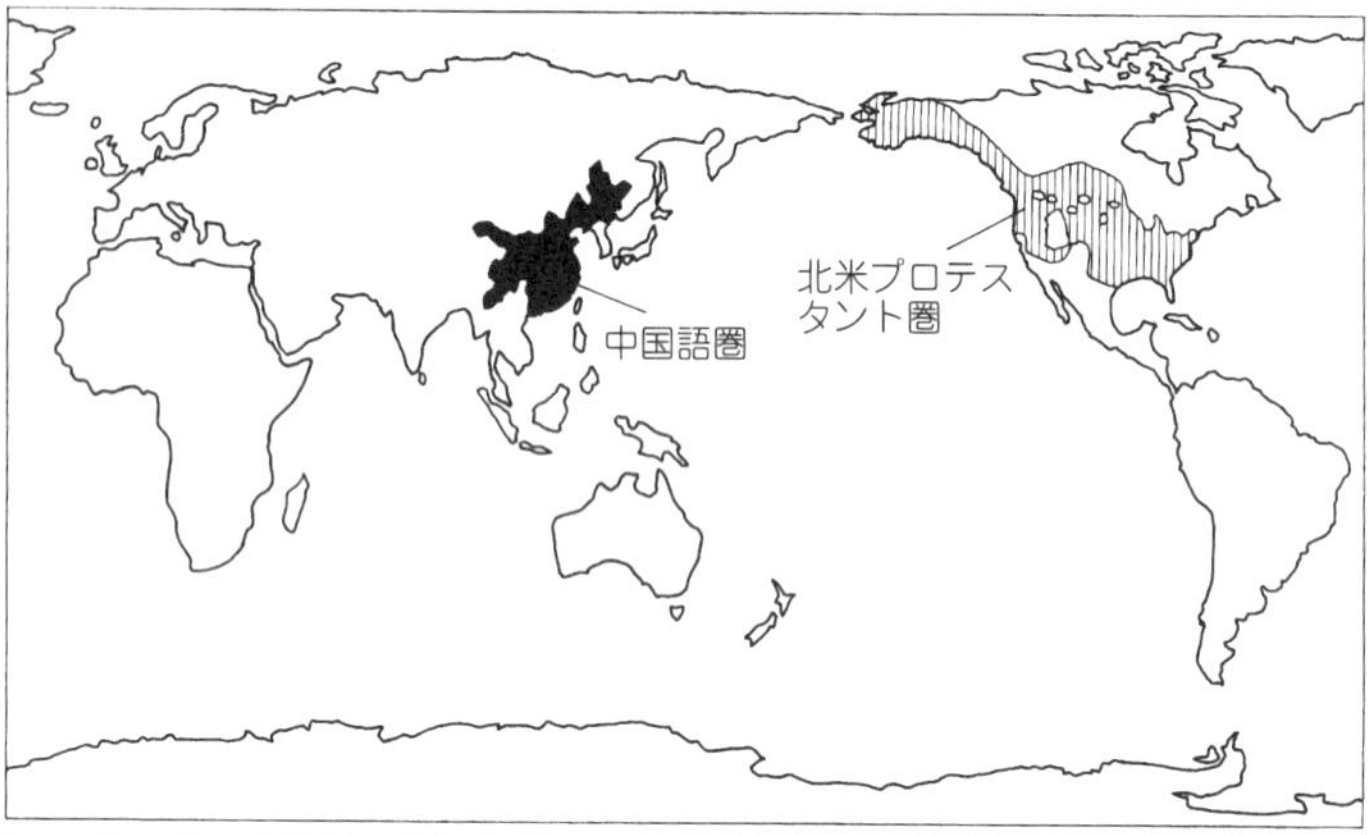

（フィリップス アトラス他による）

扁桃核に位置する国は攻撃性が強い

地球を一つの脳と見た場合、アメリカと中国は脳の別の器官に相当するともいえる。それは扁桃核である。扁桃核は、海馬の先端についていて、アーモンド（扁桃）の形をした、直系一・五センチメートルほどの小型の脳である。海馬とともに記憶にも深い関係を持つが、そのほかにも「攻撃性を生じる脳」であり、最近では「好き嫌い」を選択し、本能的な認知能力の発揮や視床下部を上部からコントロールする機能なども発見されている。扁桃核は、まさに「小型の視床下部」といえるほどの役割を担っている。

この視点に立って、改めて過去の環大西洋時代を見ると、扁桃核の位置にはドイツとア

大脳辺縁系の部位

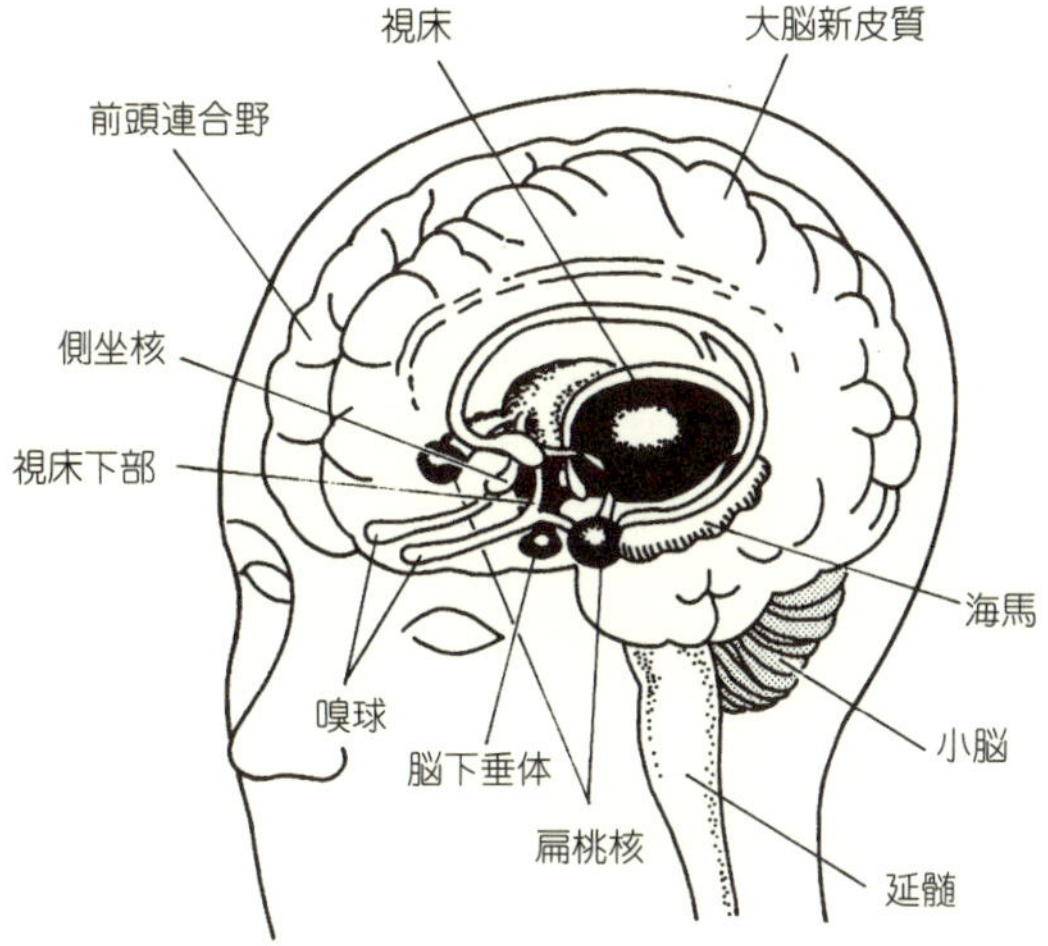

メリカがあった。先の大戦でドイツは「まれに見る攻撃性」を示したが、その地理的位置を考えれば、善悪は別としてうなずける面がある。

　血液型で最も攻撃性を内に秘めるのはO型である。O型は「自己主張が強い。すぐ張り合う。ケンカ早い」気質である。民族においても、O型エネルギー最優位のアメリカや中国は、他国を批難・攻撃することにかけては超一流である。その両国、とりわけ中国が環太平洋の時代になってはじめて「扁桃核の位置」にきたという現実を、冷静に受け止める必要がある。

　中国という国は、中華思想を持つ国である。中華思想とは端的にいうと、中国の周辺には南蛮・東夷・西戎《せいじゅう》・北狄《ほくてき》と野蛮人が住んでおり、彼らは中華文明の恩典を受ける。自分たち中国こそ世界の中心で、他は野蛮人の国という「我こそ善し」の尊大な考えだ。

この中華思想を持つ民族が、環太平洋時代となって近代化で自信をつけ、同時に扁桃核の位置にくる。その攻撃性が日本に向けられる可能性が一番強いのである。

なぜかというと、中国では江沢民国家主席の指導の下、一九九二年頃から反日教育を徹底して行っている。これは、中国共産党の正当化のためと国内の不満を外に向けさせるためであるが、その効果が徐々にあらわれてくるのが二十一世紀であるからだ。日本は中国の独善的で「我こそ善し」の歴史認識の押し付けに対し、言うべきことはきちんと言うようにしないと、すべてにおいて悪者にされかねないのである。

ちなみに、扁桃核にはもう一つ重要な機能がある。それは「視床下部と相互に関係し、しかも上部から視床下部をコントロールする機能」である。

後述するが、環太平洋時代にあっては視床下部の位置に日本が来ることになる。中国・アメリカと日本は、まさに二つの扁桃核と視床下部の関係となり、視床下部に当たる日本を、米中が「偏桃核のように上部からコントロールする」ことになる。

最近の政治的な状況を見ると、イラク戦争への復興支援名目での協力要請や、アメリカの意向に沿った郵政民営化、中国による日本の国連安保理常任理事国就任拒否など、日本はアメリカや中国に大枠で行動規制されており、すでに「扁桃核と視床下部の関係」に入っているといえよう。

かつての視床下部のイギリスは左耳の位置に

太平洋を中心に見ると、イギリスは左耳の位置となる。一方の右耳はキューバが該当するといえる。耳と脳は交差してつながっているから、右耳の位置に来るキューバが左脳の位置にくるロシアとつながるのは、よく理解できる。一方、環太平洋時代となって左耳の位置にくるイギリスは、今後も右脳の位置にくるアメリカと活発な情報交換や交流を続けていくことになるだろう。

新しく視床下部に位置することになった日本

環太平洋時代にあって視床下部にあたる国は、先にも述べたとおり日本である。環大西洋時代における視床下部であったイギリスは、地理的に右脳寄りであったのに対し、日本は左脳側に寄った視床下部である。共通する点は、いずれも島国でとても小さいことである。視床下部もとても小さいが、その役割はきわめて大きく、脳全体、体全体を制御する。

もちろん、現在の日本を見る限り「どのような役割を日本が担うというのか」「今の日本はすでにアメリカの属国である。日本の外交や防衛のことはアメリカに任せ、日本は経済だけに専念して商人国家として生きていけばよい」という声が聞こえる。

確かに、戦後日本はＧＨＱによる占領を受け、二度とアメリカに刃向かわないよう、教育やマスコミなどを通じて万事に去勢されてしまった。現在もアメリカの影響と意向は絶大で、事実上、日本の外交はアメリカに依存しているといえる。その状況が変わらなければ、日本が国際社会の中で何か重要な役割を果たすというのは幻想でしかない。

歴史は環太平洋時代を迎えたが、地球という脳において視床下部の役割を果たすべき日本は、まだ何の準備も心がまえもできていないというのが現実だといえる。

第二章 地球を一人のヒトと捉える

今度は地球を一人のヒトと見る視点である。地球を称して「一つの生き物」であるという説に立った場合、一つの脳であるという以前に、一人のヒトと対応すると見た方が理にかなう場合もある。人は脳だけでは生きられないし、脳が最初に発達したわけでもない。足腰や胴体があってこその脳だから、地球を一人のヒトと見る視点が備わっていなければ、地球自身生きられない。

このような理由から地球を一人のヒトと見る視点を展開していきたい。この場合、北半球側に両眼を入れてみるときわめて人間らしくなる。わかりやすくいえばダルマ、トリ（フクロウ）によく似ている。あるいは人の胎児にも見える。地球は人と違って道具を使う必要はないから、手に相当する部分はないが、南米大陸側がやせ細っているのが気になるところである。

大西洋を中心に地球を一人のヒトと捉える

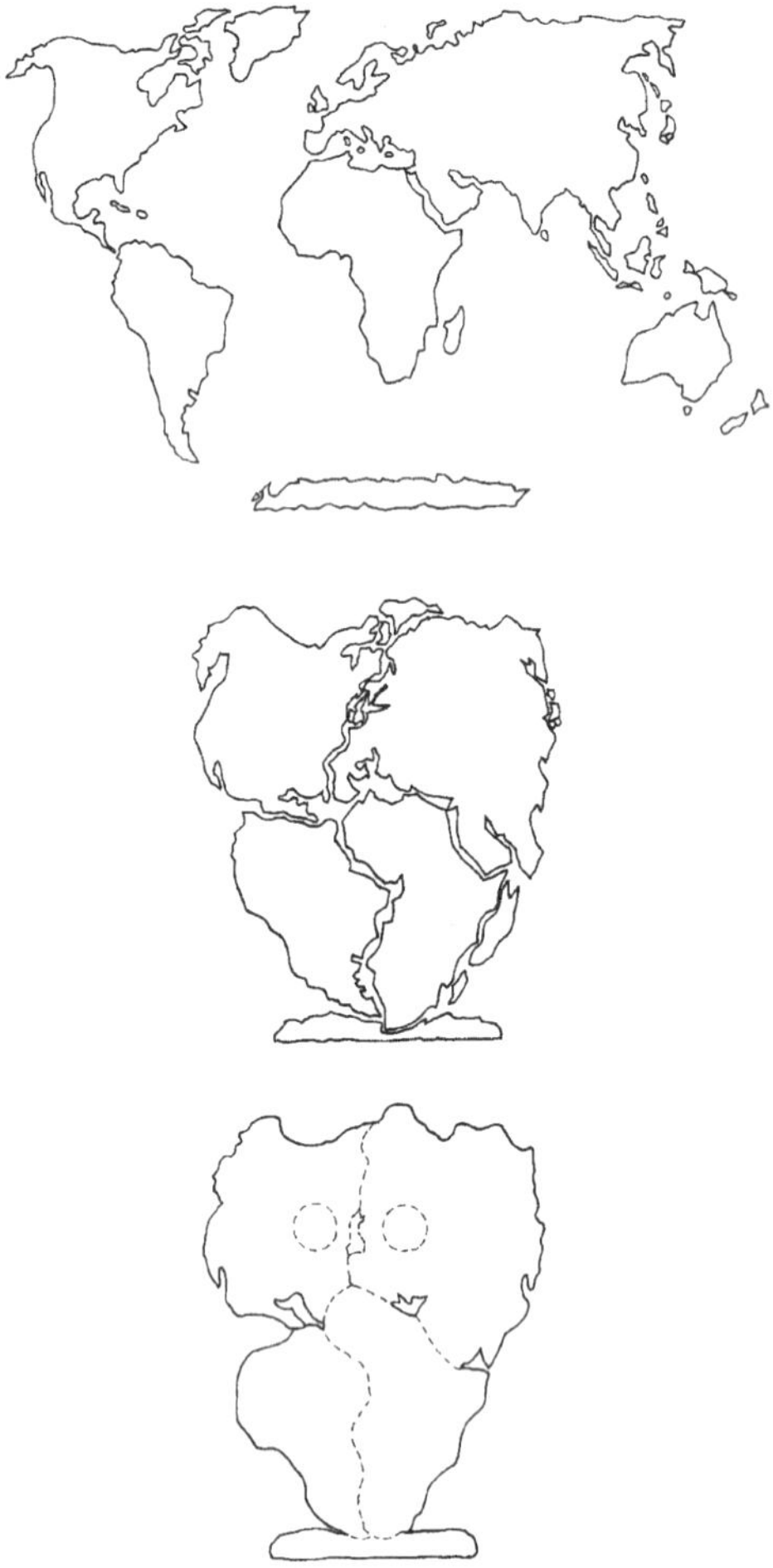

北半球に両眼を入れると、地球を一人のヒトと捉えることができる。

太平洋を中心に地球を一人のヒトと捉える

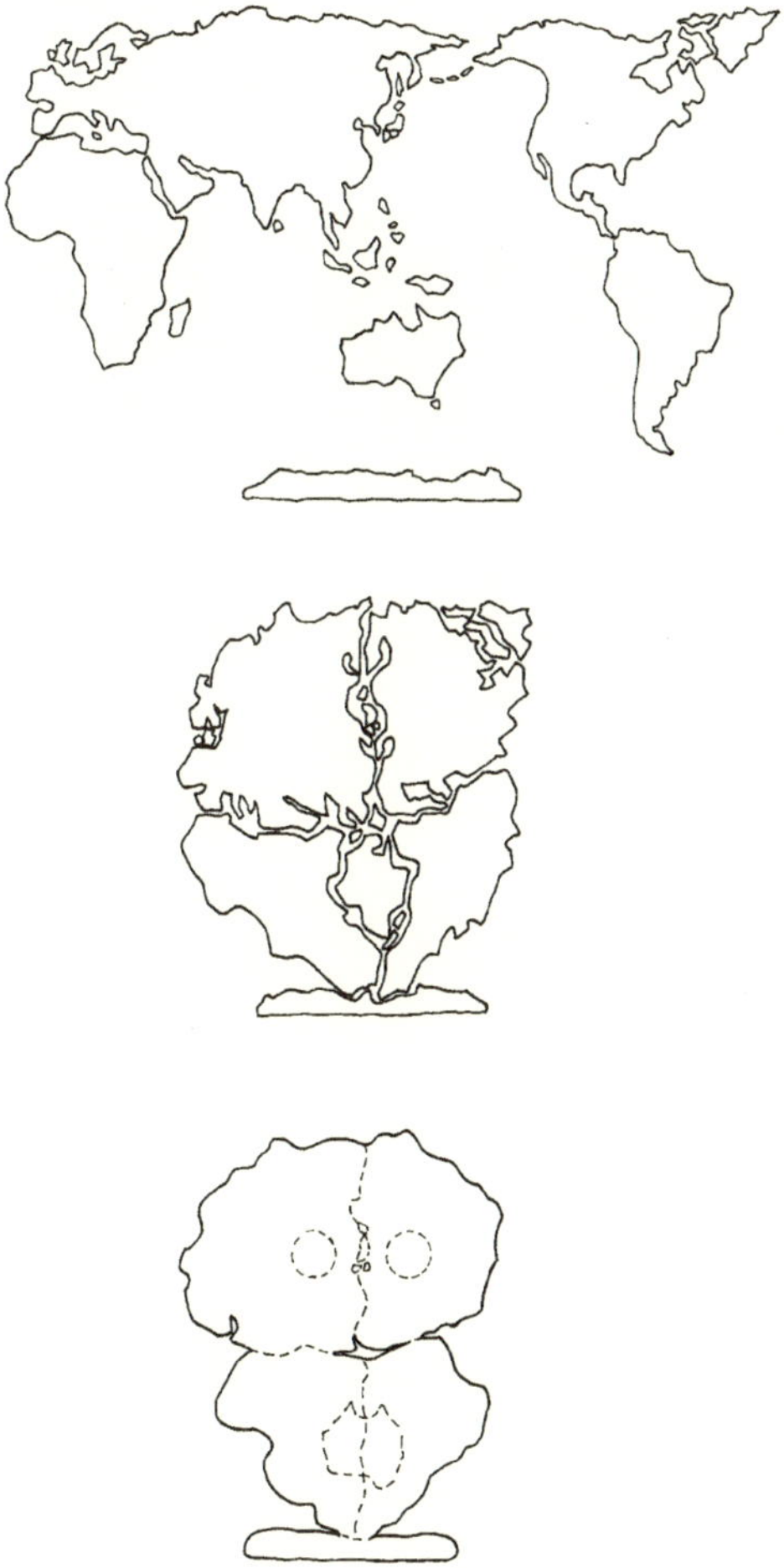

ちょうど、正面から見たダルマ、トリ（フクロウ）あるいは胎児のイメージである。
特に眼と鼻の位置に当たる国が繁栄する。

南北格差のもう一つの理由

地球を一人のヒトと見た場合、北半球のユーラシア大陸や北米大陸は頭であり、南半球のアフリカ大陸や南米大陸は足腰・胴体である。

先に、南北問題を、地球を一つの脳とみて北半球側を前頭葉と捉えることによって説明した。今度は地球を一人のヒトと見るわけだから、南北問題は頭にあたる北半球ばかりが、足腰・胴体にあたる南半球を置き去りにして異様に発達したことによって起きているといえる。要するに、現在の地球は「頭でっかち」なのである。

水分七〇%の相似性

大人の体は約七〇%が水分である。一方、地球の大陸と海洋の面積比は約三対七で、海が地球表面の七〇%ほどを占める。ほとんど人体の水分量の比と同じである。また、人の脳の成分もやはり七割近くは水分で、残りはタンパク質や脂質などである。地球も脳も人体も七割が水であるというのは、互いの相似性をあらわしているといえるだろう。

十字交差とコリオリ力

北半球と南半球では様々なものが逆になる。たとえば海流は北半球では時計回り（右回り）、南半球では反時計回り（左回り）となる。これは風の影響とされ、北半球ではほぼ1年中、低緯度地帯では東風（貿易風）、中緯度地帯では西風（偏西風）が吹いている。南半球の低緯度、高緯度地帯でも同様の風が吹いており、この風向きを受けて北半球では時計回り、南半球では反時計回りの逆向きの海流となる。

また台風の渦巻きや竜巻の巻き方もそうであるが、北半球と南半球では逆向きの回転となる。これらは、風の向きと「コリオリ力」という地球の自転による「コマの首振り運動」に見られる力が働くためだと説明される。

科学的説明はともかく、人間も首から上と下とではつかさどるものが逆となる。左脳は右半身を制御し、右脳は左半身を制御する。これは、首の部分で脳と体をつなぐ神経系統が交差するためである。人は地球と違って「コリオリ力」が働くわけではないが、かといってこの十字交差に必然性があるわけでもない。真の造物主が地球と人とを相似形にして創った証しだと思われる。

ちなみに、この地球と人との相似形は、大宇宙の姿とも関連するが、そのことについては後述する。

南極は足の裏

前述したように、地球を一つの脳と見た場合、南極は小脳である。しかし、今度は見方を変えて地球を一人のヒトと考えるので、南極は「足の裏」と捉えられる。

東洋医学によれば、足の裏には「千のツボ」があるという。胃や腸、腎臓などの臓器が病んだ場合、まずその徴候は足の裏にあらわれ、足の裏のしかるべきツボを刺激することによって健康を回復できる。風邪をひいた時も、まず足の裏に痛みを感じやすい。人の足の裏にはその人の健康状態を知らせるバロメータの役割がある。

さて、南極が地球を一人のヒトと見た場合の足の裏だとして、それを刺激しても地球の病が治るわけではない。だが、南極が人の足の裏と同じように、地球という生き物の健康状態を示すバロメータの役割を果たしていることは疑いのないことである。

その理由の第一はオゾン・ホールである。一九八五年、南極上空の成層圏オゾン層に、日本の面積と同じくらいの穴があることが観測された。オゾン層は、地上二〇～三〇キロメートルのところに薄く広がり、太陽光の有害紫外線を吸収しているため、オゾンが減少すると、地上に達する有害紫外線Ｂ（無害の紫外線Ａとは異なる）が増加して、皮膚ガンや白内障・失明が増えるのである。

また、体の免疫力が低下して、ウィルス性の病気にかかりやすくなる。人間以外の動植物にも様々な悪影響が起きており、オーストラリアでは、木に激突するカンガルー、チリでは目の見えない牛、羊などが増えている。このため、カナダやオーストラリアでは、外出時の帽子着用を奨励する運動が、国単位で進められているほどである。

この問題の原因は、冷蔵庫やエアコン、スプレー、自動販売機などに使われているフロンであり、すでに規制の対象となっている。

地球生命にとって重要な働きをするオゾン層の消失が最初に発見されたのは、南極の上空であった。その後の調査で、北極近くでもオゾン濃度の著しい減少が見つかったが、南極の場合、オゾン層にポッカリと穴があいたこともあり、よりはやく発見できた。

オゾン減少の原因であるフロンの使用量は、先進国の多い北半球で圧倒的に多く、南半球はきわめて少ない。それなのに、最も先に南極上空でオゾン層の消失が起こったのは、南極が地球の健康状態をいちはやく知らせたためといえる。南極が地球にとって、健康状態を知らせる足の裏の役割をしてくれたわけである。

第二に、南極が地球の異常状態を知らせるバロメータの役割をしているのは、オゾン・ホールだけではない。

たとえば、一九九一年に南極で観測された二酸化炭素濃度は、三五三ＰＰＭＶを超えていた。

これは、同じ年の北半球の平均値と比べてわずか三PPMV少ないだけの、きわめて高い数値である。産業革命以前の北半球での数値は二八〇PPMVであったこと、汚染物質の発生源のほとんどない南極での観測であることを考えると、その異常さがわかるだろう。

人の足の裏は、その時々の健康状態のバロメータであるが、南極の場合、過去にさかのぼっての健康判断も可能である。長期にわたって堆積し、解けることのない南極の氷床には、過去の気候や火山の爆発、環境の変動や核実験のシグナルなど、様々な出来事が順序よく記録されている。この分析により、今では地球の大気の歴史を二十数万年前までさかのぼることができるのである。

南極が地球を支えている

このように、南極大陸は足の裏だと考えれば南極特有の現象を説明できるが、同時に、南極は、地球を一人のヒトと見た場合の「足であり、足場である」と捉えることができる。この視点に立てば、南極に大陸があり、北極にはないという非対称性の理由が、南極が地球を支える足であり、足場であるため、と説明できる。

日本では、現実感覚の優れていることを「地に足がついている」と表現し、気分が上すべりで一喜一憂することを「浮き足立っている」と言いあらわす。人には足と、これを支える足場がなければならない。そうでなくては真の力を発揮できないように、地球にも足場が必要なのである。

このように考えて改めて南極を見ると、また思いあたることがある。地球は、四〇度より低緯度では、太陽から受け取る熱量が地球から放出する熱量を上回るが、緯度四〇度でこの関係は逆転し、南極では太陽から受け取る熱を宇宙へ放出する役割を果たす。これにより、低緯度から高緯度への大気の大循環が生じ、地球全体の大気を健康に保っている。つまり、南極が太陽からの熱を上空へ放出することによって、大気循環のエンジンの役割を果たしているわけである。

実際、大気の循環が地球の自転によってしか起きないとなれば、北半球の人々は、自分達の利便性追求によって自らが汚染した大気ばかりを吸わなければならない。先進諸国が大気汚染の源でありながら、そのツケによる被害をさほど感じないで暮らせるのは、南極という広大で無口な「大気循環のエンジン」が働いてくれているからである。そして、この働きは人体でいえば、たえず全身を支え、時に歩き、走る、無口で強力なエンジン、足なのである。

大西洋を中心にして地球をヒトと見る

地球を一つの脳と見た時と同じように、地球を一人のヒトと見る場合にも、大西洋を中心に見る視点と太平洋を中心に見る視点とがある。これも、脳と同じように、環大西洋の時代から人類は発展してきたので、まずはこの視点から地球を見てみたい。

眼・鼻と西洋列強

地球を一人のヒトと見る場合、北半球に両目を入れることになる。この場合、眼の位置は中心の海洋寄りに入れることになる。先に、地球を脳と見る視点の中で二重性の力の働く国々が発展するとしたが、地球を一人のヒトと見ると、今度は「眼と鼻の位置に来る国や地域が重要な役割を果たす」といえる。

環大西洋時代にあって、鼻の位置にあったのはイギリス、左眼はドイツ、フランスである。一方右眼は、ボ

大西洋を中心に地球をヒトと見る

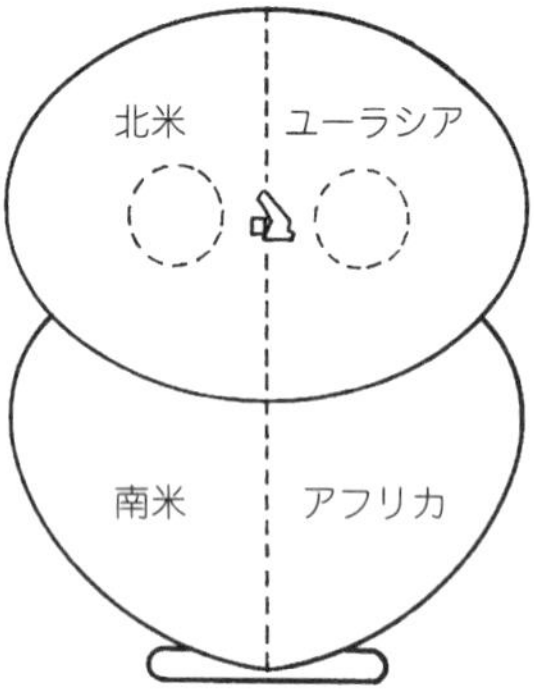

ストン、ニューヨーク、ワシントンDCなどのあるアメリカ東海岸である。

右眼にあたる地域の発展は、輝かしい西洋の歴史に較べて、随分と遅かった。人は生まれながらに両眼を揃えていても、物事の背景も含めて、奥行きを持って事象を見ることができるようになるには、ある程度の成長の時間を必要とする。こうした成長の時間が、地球を舞台にした人類においても必要だったということだろう。

地球を一人のヒトと見た場合、なぜ眼の位置と鼻の位置の国が栄えるのだろうか。これは大西洋中心の時代に限らず、太平洋中心の視点においても同じ法則が働くと思われるので、これを検証してみたい。

人体の器官で最も進化したのは、指先や前頭葉以外では「眼」である。人の眼は、鳥や獣と異なって遠近両用、視野広角、かつ月明かりさえあれば昼夜兼用で膨大な距離をはっきりと見通すことができる。

また、顔の中で根本をなす器官は「鼻」である。鼻はすべてに通じている。眼や耳や口、肺、大脳や胃にも通じている。眼の見えない人、耳の聞こえない人、しゃべれない人はいても、鼻の穴がふさがったまま生きている人はまずいない。このことからも、鼻が根本器官であるというのはわかる。つまり「眼と鼻」は人体の中でもきわめて重要な役割を担っている。このことが、地球を一人のヒトと見た場合にもあてはまるということだろう。

ちなみに、日本神話においてイザナギがイザナミとの大喧嘩のあと、アマテラスやスサノオを生んだのは自身の「眼と鼻」を洗ってであった。眼と鼻は地球においても神話においても重要、ということなのだろうか。

発達は右脳制御の地から

ローマ帝国の形成を捉えて「人類は左足から発達した」と述べたが、地球を一人のヒトと見る視点においても、ドイツ、フランスなど「左眼に当たる地域」から発達していることがわかる。たえず「左側から」というのは、地球史を貫く特徴だといえる。日本神話においてもイザナギは重要な三貴神を生んだが、その順序は、まず「左眼」を洗ってアマテラスオオミカミであった。つまり、日本神話においても左側を先頭として重要な神が生まれている。

もちろん眼に限らず、人類の文明が先行して形成されたのは、ユーラシア大陸、ならびにアフリカ大陸である。この地は、環大西洋時代にあって顔の左半分と左下半身に当たるから、いずれも右脳制御の地である。つまり人類の発展において「常に右脳側が基層であり、先行する」というのは、法則だといってよい。

A型エネルギーと酸性の親和性

北半球の高緯度地域の血液分布を見ると、カナダ人にしろ、エスキモーやロシア人にしろ、A型の多い民族が多い。地球を脳と考えた場合の顔の前面は酸性が強いことから、血液型A型のエネルギーと酸性が親和性を持つために、そうなっていると説明した。

ところで、人間の体で頭皮の部分は、顔面以上に脂分《あぶらぶん》が出やすい。脂分（脂肪酸）は酸性であるから、体の表面では頭皮の部分が酸性度が一番強いことになる。地球を一人のヒトと見て、北半球の高緯度地域は頭皮の部分に当たるわけで、その地域にA型民族が多いということは、この面においてもA型エネルギーと酸性との親和性を示している。

第三の眼とイギリス

イギリスの位置をよく見てみたい。環大西洋時代にあって、地球を一人のヒトと見ると、イギリスの位置は両眼に囲まれた「眉間と鼻」の部分にあたる。眉間の奥には視床や視床下部があり、さらに嗅球がある。

インドに伝わるヴェーダ聖典によれば、人体には七つのチャクラがある。チャクラとは生命エネルギーの中枢基地のことで、眉間にも重要なチャクラが存在する。眉間のチャクラはアージュナー・チャクラと呼ばれ、別名「第三の眼」とも呼ばれており、真理・真実を見通す眼とされている。物事の内部や裏側にあって表面的には見えないもの、あるいは遠くに離れているものでも見通すことができる「知恵の眼」である。この第三の眼を磨くことによって、人々は、あらゆる事物の真理に基づく知識を得ることができるとされている。

もし「真理を見通す眼」がなければ、人の脳は左右脳を含めて、どれも二つに分かれているのだから、困ったことになる。それらを統合する原理が右と左どちらか一方の情報力や推理に頼るというのでは、真理に基づく科学は生まれ得ない。かといって、ただ前頭葉で統合するだけでは、経験則によるだけで三次元の域を出ない。それが四次元、五次元の宇宙さえをも見通す科学であるためには、真理を見通す第三の眼を必要とするのである。

この第三の眼こそ、眉間のすぐ内側にある「嗅球」であろう。

アージュナー・チャクラとサハスラーラ・チャクラ

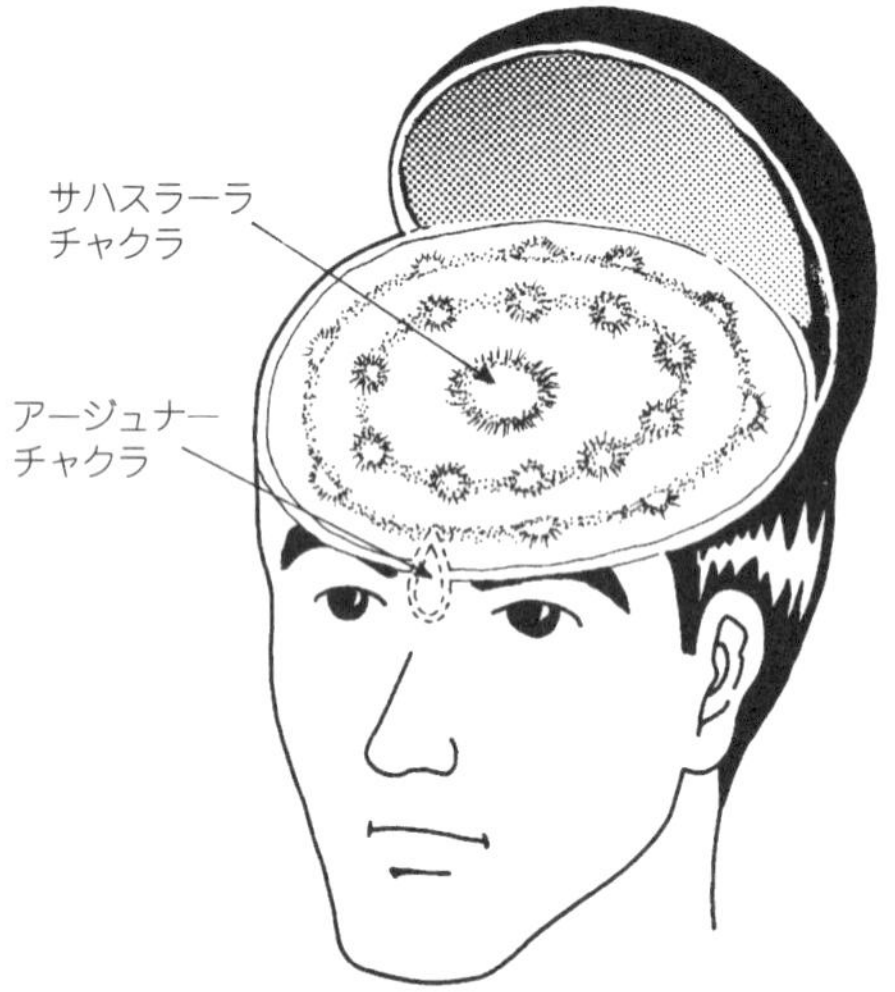

（スワミ・ヨーゲシヴァラナンダ著「魂の科学」たま出版より）

鼻の構造

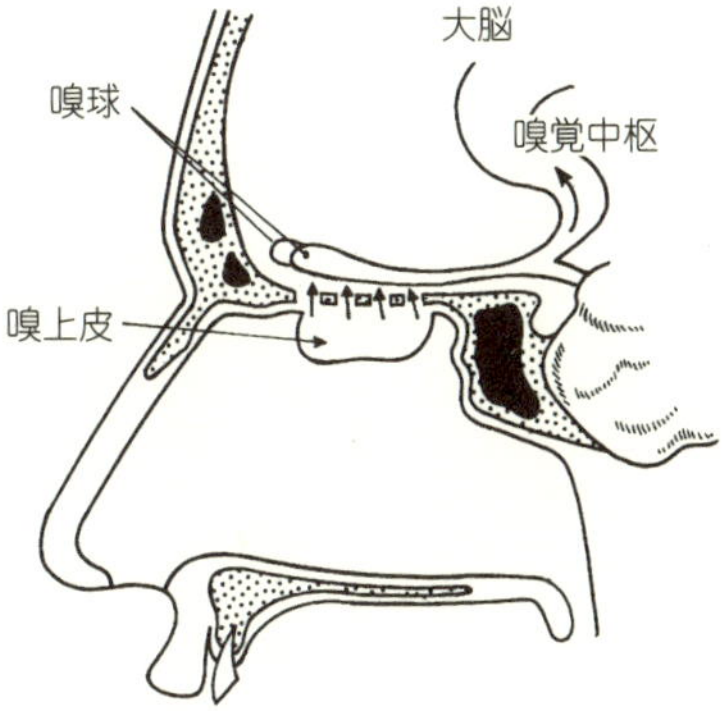

第三の眼に関してこれまでの定説では、松果体がそれにあたるとされてきた。松果体が光に反応することからの推定である。たしかに、松果体には明暗をキャッチする部位があり、光を感じるとメラトニンという睡眠ホルモンの分泌が減少して目が覚め、逆に闇を感じるとメラトニン分泌が増加して眠気を催す仕組みになっている。

だが、このような松果体の光に対する反応は、ただ単に「睡眠と覚醒の誘導」であり、とても「真理を見通す知恵の眼」といえるものではない。

ヨーガの中の王、ラージャ・ヨーガ大師スワミ・ヨーゲシヴァラナンダ師によれば、

「第三の眼であるアージュナー・チャクラは眉間の奥、頭蓋骨中のしっ骨や前額骨のあるあたりに位置している。この場所には茶色の砂粒状の二つの腺がある。この二つの腺は陰と陽の電荷を持っており、瞑想の境地に入ると、意識の力が働きかけて二つの腺を励起し、両者が接触し合って光を放つ。このチャクラには大いなる実在原理と呼ばれる宇宙生命が働いている。このチャクラは霊眼の力を増幅させ

る装置のようなものであり、その力を借りることで遠く離れたものでも霊視できる」（『魂の科学』たま出版）という。

　師によれば、第三の眼であるアージュナー・チャクラは「眉間の奥にある二つの腺」となっている。これは明らかに嗅球を指している。嗅球は眉間の奥にあり、二つの腺となっている。

　問題は、嗅球は陰と陽の電荷を持つかどうかであるが、これは今後、最先端の脳医学で検証していけば容易に判明するものである。ヴェーダ哲学では、大脳の中心部には別にサハスラーラ・チャクラがあるとして、そこは「真我の執務室」と呼ぶ。これは、個人に関する知識から普遍的な大宇宙の知識までをも知ることができる中央研究室とでもいうべきもので、脳医学的には、視床を中心とした大脳内奥の辺縁系全般（海馬、扁桃核、視床、視床下部、脳下垂体など）のことである。事実、視床は、大脳、小脳、脳幹の交差点に位置して「情報の中継センター」であることがわかっている。さらに研究が進めば、これらがヴェーダ哲学のいう「真我の執務室」たるサハスラーラ・チャクラと合致することがわかるであろう。

眉間にあるアージュナー・チャクラ

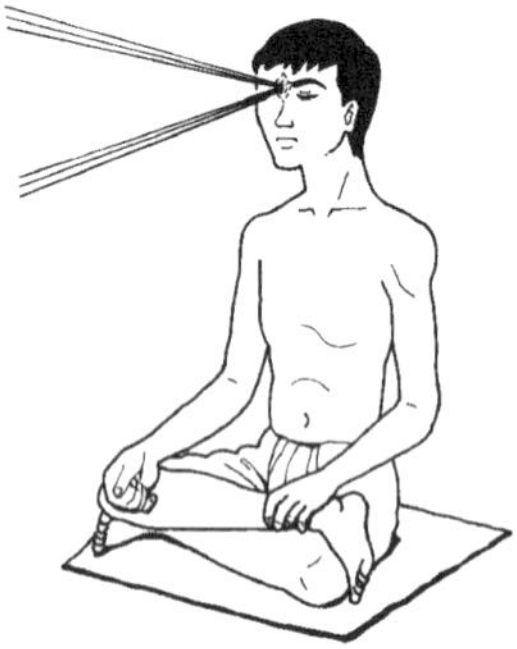

　つまり、脳には二つのチャクラがあり、一つは視床を中心点とした大脳辺縁系、サハスラーラ・チャクラ

であり、もう一つは眉間の内側にある「第三の眼」たるアージュナー・チャクラである。

嗅球は、アージュナー・チャクラの位置に合致するだけでなく、単細胞の生物すら持っている「最古の知性」である。「第三の眼」という以上、光への何らかの反応活動を想定できるが、そもそも嗅細胞は後述するように視覚系のもとでもある。このため外界の事物を匂い以外で認識しても何らおかしくはない。

そして、この「最古の知性につながる第三の眼」の位置こそ、環大西洋時代にあってはイギリスであった。

鼻の位置に最古の脳

「眉間と鼻」には、第三の眼以外に、最古・大元の脳である嗅脳がある。

脳の視床下部には、黄体形成ホルモン（ＬＨＲＨ）という脳ホルモンを生産する神経細胞がある。ＬＨＲＨは脳下垂体に対して働き、性腺刺激ホルモンを放出させる。ＬＨＲＨが働かないと種族維持の「種」をつくれないという、きわめて重要なホルモンである。

一九八九年、アメリカ・ロックフエラー大学のパフ博士らは、このＬＨＲＨをつくる脳の神経細胞が、脳内ではなく脳の外でつくられ、胎児の時代に脳に移動してくることを発見した。それはどこでつくられているかというと「鼻」である。

鼻の発達が悪く嗅覚が衰え、性腺の機能が低下するカルマン症候群という病気がある。男性に多い病気であるが、パフ博士らがこの患者の脳を調べたところ、視床下部にＬＨＲＨが存在せず、それをつくる神経細胞が鼻の鼻中隔で止まっていることを発見した。ＬＨＲＨを生産する神経細胞は、その後の研究で胎児期の嗅上皮という部分でつくられることがわかっている。嗅上皮は鼻の一部であるから、鼻が人類の種族維持の大元をつくっているといってよい。

このように、鼻は臭いをかぎ分ける役割だけを持っているのではない。他の研究によれば、嗅覚系というのは、脳の中でも最古の部分である。もっと言えば、脳は嗅脳からはじまったともいえる。あまり進化していない動物、たとえば魚などはほとんど嗅脳しかないほどで、それだけはちゃんと備えている。自分の生まれた川の水を覚えているサケは、脳波をとりながら色々な水をかけると、生まれ故郷の水の時に大きな反応を示すことがわかっている。

また、嗅脳は単細胞の生物すら持っており、神経系よりさらに古い、最古の情報系だという。視覚系なども、その大元をたどると嗅覚から発達したものである。意外に思えるかもしれないが、視覚において光に反応する物質をロドプシンといい、元々は嗅細胞の受容体と同じ化学分子受容体である。それが、レチナールという化学物質の分子をつかまえて離さない構造になって、視覚を形成するのである。

このように、「第三の眼」たる嗅球と合わせて、「鼻と眉間」には、人間という種の大元を形成する脳や器官がある。環大西洋時代、鼻と眉間の位置にあったのはイギリスであった。ゆえにイギリスは特別の波動を受けて、歴史の中で主導権を握ることができたのである。

環大西洋時代の日本

地球を一人のヒトと見た場合、先行する環大西洋時代にあっては、日本は頭の真後ろに位置していた。つまり後頭部の位置に日本があった。人の後頭部には第一次視覚野があり、顔の前面の両眼とつながっている。環大西洋時代の両目は、左眼がドイツとフランスであり、右眼はアメリカ東海岸である。日本は明治憲法下の民法や刑法などはフランスの影響が強かったし、第二次世界大戦ではドイツと同盟を結んだ。一方、アメリカのペリー来航によって日本は開国を迫られ、敗戦後は日米安保などによってアメリカと強力に結びついた。これらの結びつきは決して平坦ではなかったが、まさに、地球を一人のヒトと見た場合の、両眼と第一次視覚野の結びつきに相当するといえる。

地球文明の雛型としての日本

さらに、環大西洋時代の日本は、後頭部の小脳にあたるともいえる。

小脳の正中断面図

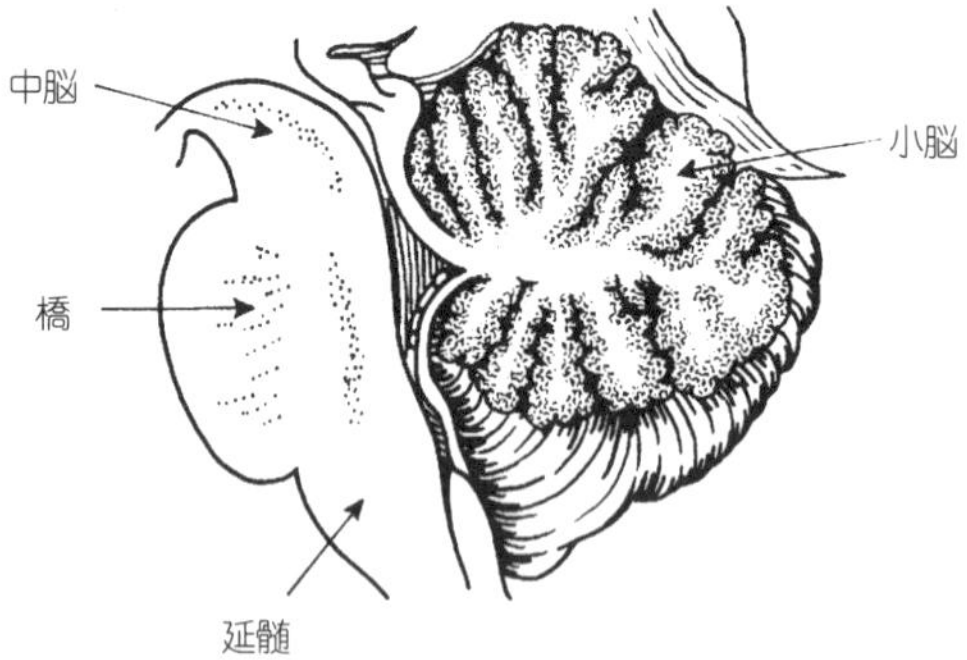

小脳は縦に切断すると一本の樹の形をしている

最近、青森県・三内丸山遺跡や亀ヶ岡遺跡など、日本で古代縄文時代の遺跡が発見される度に、その進んだ生活ぶりが明らかになっている。陶器や装飾品に塗る漆は、縄文前期前半にすでに見られ、加工技術も後年代の中国などのものより格段に優れている。亀ヶ岡遺跡の遮光器土偶も、独特の「炭化珪素による焼き戻し法」や「炭素繊維混入」など、現代のハイテク・セラミック工法とほぼ同じレベルの技術でつくられている。

しかし、世界最古の文明が次々と日本で発見されることについて、いまだ学会では正当な評価を下せないでいる。

これらの事実は、日本が、先行する環大西洋時代にあって小脳の位置にあったためだと捉えることによって、はじめて理解可能となるのである。

小脳は、「大脳の雛形」となるところである。雛形と

小脳の皮質断面図

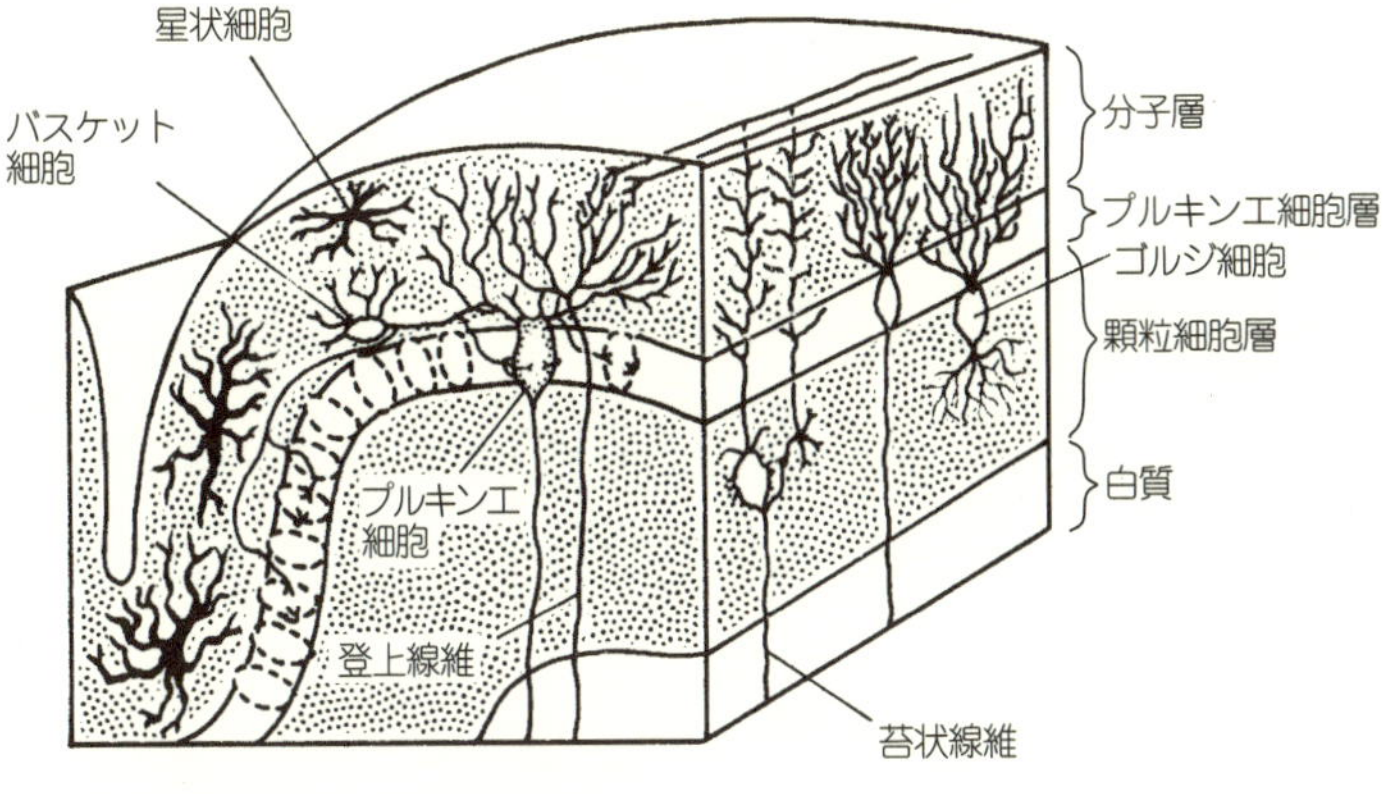

（森　昭胤編「脳100の知識」講談社）

は、物事の見本・手本となるために先行してつくられるミニチュア版で、先に小さな形ができないと後に続く大きな形ができ上がらない。

大脳に先駆けて発達した小脳は、重さ約一三〇グラムで大脳の十分の一ほどしかないが、プルキンエ細胞やゴルジ細胞など、樹状の形をしたものが多く、そもそも小脳全体を縦に切断すると一本の木の形をしている。このため小脳は「生命の樹」とも呼ばれている。

一方、大脳の役割も一本の木にたとえられる。その意味で、前頭葉は木の「幹」に当たる。前頭葉は自己中心的な定位を定める座であり、目的を定めるとぶれることはなく、容易には動かない。木においても幹はがっしりとして動かず、多くの花や実、枝葉を支えることができる。

また、左脳は言葉や論理、計算能力や機械操作に優れるが、これは、木でいえば「枝葉果実」に相当する。人々に恵みと喜びを与えるのは枝になる花や実であり、季節ごとに色を変えて目を楽しませてくれる葉も枝になる。

一方、右脳の働きは「木の根」のようである。木の根は大地に埋もれて、その働きや様相は人々には見えない。右脳は花や実をつける左脳ほどの華やかさを持たず、幹である前頭葉のようにいつも頼りがいがある（ように見える）わけではない。時に右脳が「眠る脳」とされるのはそのためである。しかし、根は大地（地球生命）に根ざすことによって、木（人間そのもの）全体を支えている。

このように、大脳全体が一本の木に例えられるが、その雛形として小脳は、「一本の木の形」をしているのである。実際、脳医学においても小脳は「大脳のミニチュア版」と呼ばれている。

小脳は大脳の雛形というのは地球においても同じで、かつては南極と地続きであったニュージーランドやオーストラリアで原子太古の微生物が生まれたのも、南極が、地球を一つの脳と見た場合の小脳にあたっていたからであった。

同様に、日本は、環大西洋時代に地球を一人のヒトと見た場合の小脳にあたっていたから、「地球文明の雛形をつくる場所」となっていたのである。だからこそ、日本において、史上最古、一万五千年以上前までさかのぼる縄文文化の遺跡が、青森県三内丸山や亀ヶ岡などで発見されるのである。

こう捉えると、戦前に「日本こそピラミッド発祥の地である」と主張した、酒井勝軍の主張などがきわめて現実味を帯びてくる。彼が昭和九年に最初に「ピラミッドである」とした広島県・葦嶽山は、一九八四年の「サンデー毎日」の追認調査により、数々の人工的配慮のあることが発見されている。山頂部の方位石の傾き角度は「夏至と冬至の日の出・日没ラインの角度」を示しているし、山の頂上は近隣の山々の頂上と直角三角形でネットワークを形づくっている。

こうした例は他にも数多く、近くの岩木山と対をなし、きれいな三角形の形をして、掘っても掘っても同じ土質の青森県のモヤ山や、周囲の地質と全く異なり、完全な円錐形をして、山の中腹には人工的に積み上げた巨石のある福島県千貫森と一貫森、地下に縦三キロ、横一・六キロメートル、深さ四〇〇メートルの巨大な楕円形空間があるとされる長野県の皆神山、そのほか、秋田県・黒又山、岩手県・五洋山、富山県・尖山、奈良県・三輪山、愛媛県・東谷山など、ピラミッド山とされる例は枚挙にいとまがない。

これらはみな、葦嶽山と同じように、周辺の山々や神社と二等辺三角形や東西南北の方位などを形づくっており、一部、自然を改良してつくられた、エジプトのピラミッドの雛形となった山々ではないかとの指摘は正しいことになる。

先行する環大西洋時代にあって、地球を一人のヒトとみると、日本は後頭部の小脳の位置にあった。小脳は大脳の雛形（ミニチュア版）となるところ。故に、日本は「世界文明の雛形」を成した。その証拠に、日本にはピラミッドの雛形となるものが存在する。それが、青森県のモヤ山や福島県の千貫森·一貫森などである。世界最古の歴史を誇る縄文文化こそ、地球文明の雛形なのである。

秋田県大湯の環状列石（ストーンサークル）は、縄文後期のものとされてきたが、近年のレーダー探査によると、周囲の地層が人工的であるということが判明し、年代も縄文前期まで遡る可能性が出てきている。

青森県市浦村のモヤ山は、近くの亀ケ岡遺跡、ストーンサークル、岩木山などとネットワークを形成している。土を深く掘り下げても、同じ土質のため人工山(ピラミッド)と思われる。

福島県飯野町の千貫森(右)と一貫森(左)は、周辺の花崗岩質とまったく異なっている。頂上近くは地下が空洞とされ、人の手による山・ピラミッドであろう。

秋田県・大湯環状列石や、北海道・忍路環状列石の存在の意味や、世界中の古代遺跡で発見される文字が日本の神代文字で読めることなど、次々に発見される超古代の事実は、日本が、かつて環大西洋時代において小脳の位置にあり、地球文明の雛形をつくる役割を担っていたからだと推定できるのである。

太平洋を中心にして地球をヒトと見る

さて、時代はすでに環太平洋時代である。地球を一つの脳と見た場合、太平洋中心の時代となってはじめて全脳が揃い、一人前となったと言ったが、地球を一人のヒトと見た場合にも同じことがいえる。

太平洋を中心に地球をヒトと見る

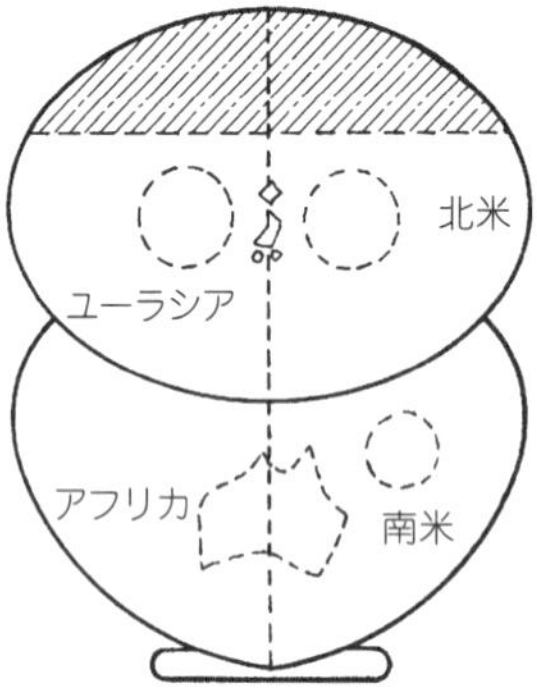

オーストラリアは子宮

オーストラリアは環大西洋時代にあっては圏外であったが、環太平洋時代においては重要な位置を占める。それは「子宮」である。

オーストラリアは、一七八八年の白人移民にはじまる白豪主義国家として発展したが、七〇年以降はこれを撤廃、現在はアジア系も多く含む多民族国家となっている。このオーストラリア人に共通した性格として見られるのは「母親のようなやさしさ」である。特にオーストラリアの男性は「オーストラリア・ハズバンド」として、夫の理想像の一つにもなっている。オーストラリア人の夫は優しく妻をいたわり、家事労働も積極的に手伝ってくれることが多い。その優しさ、包容力のために、オーストラリア人男性を夫に持つ女性は羨ましがられる。男性さえもが持つオーストラリア人の「母親的優しさ」は、すべての生みの親たる子宮を連想させるに十分である。

また、前章でも指摘したとおり、オーストラリア大陸はきわめて古い歴史を持つ。地球最古の大陸地殻や生物化石が発見されるほどであるから、人類最古の故郷に近いともいえるのではなかろうか。人の子宮も、人間にとっては最古の故郷である。

ニュージーランド熱水湖の古細菌

オーストラリアに触れたついでに、近くのニュージーランドも検証しておきたい。

先に、ローマのあるイタリア半島は、地球を一つの脳と見た場合の足を制御する部分であるとした。環大西洋時代にあってイタリア半島は右脳の地にあったから、左足制御に相当していたことになる。

この時、もう一方の足はどこかに置き忘れたわけではない。もう一つの足の形をしたニュージーランドは、太平洋を中心に地球を一人のヒトと見た場合、立派に足の位置に納まっている。

ちなみに、ニュージーランドが足の位置に来るのは、環太平洋時代が初めてである。ニュージーランドが対応するのはやはり左足なのだが、かつて左足を制御していたイタリア半島は右足制御の地に変わり、初めて両足が揃った形となる。

人類は右脳制御の左足から発達したことは既に述べた。この法則は地球を一人のヒトと見た場合のニュージーランドについてもあてはまるだろうか。

ニュージーランドの北側に、煮えたぎった蒸気が湖面全体に渦巻く巨大な湖「フライパン湖」がある。熱水が噴き出す中心部の水温は一一〇度、湖岸の水温も六五度を超えるという。このフライパン湖や、近辺に点在する熱水湖からは、地球の創成や生命の創造に関与したと推定される古細菌（バクテリア）が発見されている。

古細菌は、超好熱菌や超好塩菌など極限に生きるものが多いが、その中でもこの地域の古細菌は硬い殻を持たず、膜の構造も独特で、むしろ人間の体の細胞膜に近い。このことから、この地域の古細菌が動植物へとつながる直系のルーツではないかと、世界の科学者達の注目を集めている。

人間の体のほとんどの細胞の中にはミトコンドリアが住んでいる。人間だけでなく、すべての動植物の細胞、すべての菌類の細胞の中に住んでいる。私たちの体の、肝臓や腎臓、筋肉の細胞のように大量のエネルギー生産を必要とする細胞は、一つで二千個ものミトコンドリアを持つ。ミトコンドリアが細胞内にあって酸素を取り入れ、そこからエネルギーを取り出しているのである。動植物など、すべての生命になくてはならないこのミトコンドリアが、バクテリアの子孫であるというのは科学界の常識であるが、そのバクテリアの最古の祖先が、北ニュージーランドに点在する熱水湖に生棲する古細菌ではないかと推定されているのである。

地球の心臓大アマゾン

南半球のその他の大陸を見ていくと、南米大陸は首から下の左半身にあたる。この位置にある人間の重要な器官は「心臓」である。

環太平洋から地球を一人のヒトと見た場合、心臓の位置には大アマゾンがある。アマゾン流域の巨大な熱帯雨林が生み出す酸素の量は、全地球上の酸素生産量の十数パーセントに及ぶといわれ、まさに全身に新しい血液を送り続ける心臓と呼ぶにふさわしい。

熱帯雨林が地球生命に果たす役割はきわめて大きい。植物が光合成によってデンプンなどの有機物を生産する純生産量は、陸上全体で一年あたり一〇七三億トン、海洋で五五三億トンである。陸上の純生産量の六〇％を占めるのは森林で、そのうちの約四〇％は熱帯林である。ところが、森林面積は陸地面積の三〇％に過ぎず、熱帯林は約七％しかない。

地球温暖化が声高に叫ばれているが、その原因は自動車や工業製品、工場から排出される二酸化炭素ガスである。森は光合成によって酸素をはき出すかわりに、二酸化炭素を植物体内や土壌中に有機物として固定する。森林破壊は、光合成の働きを奪うばかりか、固定した有機物を二酸化炭素として、大気中に一気に放出してしまう。

また、地球上の生物種の少なくとも半分以上は熱帯林に生息しており、さらに森林は、地球上の水循環を支えている。この植生によって降水量の半分以上は大気に還元され、次の降水のために水蒸気を補充する。森林が破壊されれば、海岸から遠く離れた内陸で干ばつを生み、砂漠化を促進する結果となるのである。

以上のどの役割を見ても、地球生命の維持にとって森林の役割は大きく、その中でも熱帯雨林の占める割合は非常に大きい。広大なアマゾンの熱帯林がすべて消滅したとすると、地球生命全体が死の危険に瀕するほどなのである。

このように、大アマゾンは地球生命の維持装置として重要な役割を果たしており、まさに地球を一人のヒトと見た場合の「心臓」だといってよいだろう。

アフリカの砂漠化は右半身不随を意味する

砂漠化は北半球でも進行しているが、やはり進行が大きいのはアフリカ大陸である。この地は、環太平洋時代において右側下半身にあたる。砂漠は不毛の大地であるから、アフリカが砂漠に覆われているというのは、人でいえば右半身が不随な状態にあることと同じである。これで南米の熱帯雨林も消失すれば、左半身も不随ということになってしまう。

このように見ていくと、いわゆる「南北問題」は、北半球の強固な配慮のもと、早急に解決されなければならないことがわかる。人であっても、健康な肉体に健全な頭脳が宿るものである。人が健康な肉体を維持するために多くの時間と頭脳を割かねばならないように、北半球は、その獲得した知恵と技術を、南半球の健全化のためにもっと費やすべきである。

その第一歩は、北半球が自ら進めてきた物質文明による大量消費のレベルを大幅にダウンさせることにある。エジプトの砂漠はエジプトの文明がつくり出したように、物質文明の氾濫が原因で、砂漠化はその結果である。

最近の熱帯林の喪失は、特に過剰な森林伐採と焼畑に原因がある。この焼畑は、古来より原住民によって行われてきた小規模の焼畑とは明らかに異なる。原住民による小規模の焼畑は何千年も昔から行われており、地球環境全体にとってはさほどの影響はない。

一九九〇年、アマゾンで日本の九州の半分の森林が焼失した。原因を調べると、ドイツの巨大自動車メーカーが火を放ったことがわかった。このメーカーは、六〇万ヘクタールの土地を、一ヘクタール当り一ドル（三〇〇〇坪で一〇〇円強）という極端な安値で買い、放牧のために火を放ったのである。そこで牛を飼い、ハンバーガーなどに使用される安い牛肉を輸出して儲けるためである。北半球の先進国の人々の胃袋を満たすために、大アマゾンで膨大な規模の焼畑が行われたわけだ。

戦後世界を総括してみるに、三つの対立軸がある。いわゆる東西対立と南北対立、そして宗教対立である。このうち宗教対立は別にして、東西対立はソビエトの崩壊によって消滅したとされた。残るは南北問題である。

南北問題には、北半球の先進国のあり方を善とし、南半球の後進国の生き方を劣ったものとする価値観が根底にある。だが、頭と体があって一人のヒトであるように、地球も南半球と北半球とがあって一つの地球である。自らの胴体や下半身を軽視して、これを喰い尽くそうとする人間は生き残れないように、南半球を喰い尽くして北半球だけが生き残ることはあり得ないのである。

北半球針葉樹林帯と頭髪

同じ森林でも、北半球のカナダ、アラスカ、ロシアに広がるのは、マツ・スギなどの大針葉樹林帯である。地球を一人のヒトとみた場合、北半球の高緯度地域は頭髪の部分にあたる。その地域に、大地に垂直に、頭髪のようにピンと伸びた針葉樹林帯が広大に拡がっている。

針葉樹林帯を地球の頭髪であると考えれば、なぜ、それらの葉がピンと伸びて冬を迎えても落葉せずにいるのか納得がいく。常緑樹でなければ「地球という大巨人」の頭髪が季節ごとに抜け落ちたり（落葉）茶髪となったり（紅葉）で、あまりにも様にならないからである。

頭髪は、人間にとって重要な脳を守るために存在する。北半球の大針葉樹林帯にも何か似たような、重要な役割が与えられているのだろうか。

米国オレゴン州立大学のマーク・ハーモンらの調査によれば、北アメリカ大陸北西部にある原生雨林は、熱帯雨林にくらべて一ヘクタールあたり三倍もの二酸化炭素を貯蔵しているという。つまり、熱帯地域での森林消失による二酸化炭素の増加を、北米やカナダ・ロシアなどの針葉樹林帯が吸収していることになる。

二酸化炭素は地球に入射してくる太陽光を透過させるが、地球表面で反射された熱の一部は透過させず、ふたたび地球に押し戻す。それゆえ、大気中の二酸化炭素層の形成は地球を暖めることになるのだが、この地球温暖化を、北半球・高緯度地域の針葉樹林帯が三倍の能力で抑制していることになる。これは、人の頭髪に匹敵するほどの重要な役割であるといってよい。

陸上競技一流国と地球の足腰にあたる国

話は変わって、西暦二〇〇六年にはサッカーのワールドカップがドイツで行われた。サッカーは世界の中では平均してブラジルとイタリアが強い。「サッカーの神様」と呼ばれたペレやマラドーナはブラジル出身であるし、現役のスーパースター、ロナウドやロナウジーニョもブラジル出身である。一方、イタリアもブラジルに次いで、何度もワールドカップで優勝するほどの強さである。三浦知良があこがれて一年間プレーしたのはイタリアであったし、中田英寿が海外でプレーしたのも、セリエAのペルージャ、ローマ、パルマなど、ほとんどがイタリアであった。

サッカーは足のスポーツである。サッカーに強い国や地域を見ると、地球の足腰にあたる地域が多い。たとえばブラジルは、地球を一人のヒトと見て足腰の位置にあたる。また、イタリアは地球を一つの脳と見た場合、中心溝の足を制御する位置にある。

こうした傾向は、脚力を競う陸上競技全般についても言える。短距離の強いアメリカやカナダにおいて、その有力選手の多くは、出身地を問えばいずれもアフリカや南米系であるから、地球を一人のヒトと見た場合の足腰にあたる。運動能力にすぐれた中南米の国々も、地球を一つの脳とみて大脳中心溝の運動野や足を制御する地にあるから事情は同じである。

地球大地から受けるエネルギーは、各大陸、各地域によって微妙に異なっている。地球の足腰にあたる地で育てば、足腰の強化に向かうエネルギーを受けて育つことになる。長い間には遺伝子や民族の気質・体質も違ってくる。陸上の短距離やマラソンなど、単純に走る能力や跳躍力を問われるスポーツでは、その差は歴然となる。

特に、長距離の一流選手を見るとその傾向はより顕著で、かつてローマや東京オリンピックでマラソン優勝したアベベ選手や、女子マラソンのファツマ・ロバ選手は、アフリカ・エチオピアの出身であった。

もちろん、アフリカの選手がマラソンに強いのは高地で自然に鍛えられるため、というのは一つの理由である。だが、それだけの理由なら他にいくらでも高地に生きる民族はいる。

先に、血液型でマラソンに強いのはA型だとした。A型は耐久性や持久力が平均して一番強い。A型エネルギーは左脳優位で、制御するのは右半身である。一方、アフリカの地は地球を一人のヒトと見て、環太平洋時代にあっては右側の足腰・胴体にあたる。つまり、アフリカは環太平洋時代にあってはA型エネルギー優位の右下半身に相当するから、マラソンの大選手が次々に出てくるのである。

後頭部とイギリス

かつて「大英帝国」として世界に君主したイギリスは、環太平洋時代においては、地球を一人の人と見て後頭部の位置にくる。人の後頭部には第一次視覚野があり、両目とつながる。環大西洋時代にはこの位置に日本があった。日本はそのために当時の左目たるドイツとつながり、右目たるアメリカとつながったと捉えられる。

この考えに従えば、環太平洋時代におけるイギリスは左目の位置に変わったアメリカと強固につながり、また、右目の位置に来る中国ともつながると予測できる。これまでイギリス領であった香港は中国に返還されたが、今後もイギリスと中国は縁の深い関係を結んでゆくだろう。

アメリカ・中国の転換と物質文明

環太平洋時代となって巨大な役割を占めるのは、やはり地球を一人のヒトと見て両目と鼻の位置に来る国である。両目の位置にくるのはアメリカと中国である。

環太平洋時代にあっても、「眼の位置は中心の海洋に近い地域」の原則が守られるから、今後、アメリカはロサンゼルスやサンフランシスコなどの西海岸地域が繁栄する。ゆえにニューヨーク、ボストン、デトロイトなどの東海岸側は、今後二〇〜三〇年のスパンで見ていけば、大きく地盤沈下するはずである。

先にエネルギーの二重性の働く国家ほど繁栄すると言ったが、アメリカについても、元の気質はOAタイプであるのに対し、環太平洋時代となって地球の右脳側の地に移動したことでO

Ｂタイプのエネルギーが働く。それゆえエネルギーの二重性が働いて繁栄を続けることができる。

だが、地球を一人のヒトと見た時、目の位置は太平洋側に移るから、繁栄のためには、ロスやサンフランシスコなどの西海岸側に政治や経済の比重を移すことが条件となる。今後、何年先になるかわからないが、アメリカの首都を現在のワシントンＤ・Ｃから西海岸側に移す時代が来るかもしれない。

一方、中国も環太平洋時代となってエネルギーの二重性が働くだけでなく、地球を一人のヒトと見て、右目の位置に来る。右目は物質文明推進の左脳とつながるから、中国の近代化や物質的繁栄は当然だといえる。

ただし、ここで問題がある。繁栄するのは良いが、人口十二億の中国の生活水準が上がり、大量消費と大量廃棄を繰り返せば、消費される資源、エネルギー、廃棄物の量は膨大となり、世界の脅威となる。その消費と廃棄ぶりは「地球がもう一つ必要だ」と言われるほどである。

前頭葉と右脳優位のＯＢタイプの民族というのは、かつての中国をみてもわかるとおり、孔子・孟子の思想など、人類の歴史に残る知性を発揮し、他民族に深く感銘を与えるだけの精神性があった。だが、現代の中国は、毛沢東の文化大革命以降、治者にも仁や徳を要求する孔孟の思想を、「批林批孔」などの運動で厳しく批判してきた。かわりに何がはびこるかといえば、

「近代化を成し遂げ、西洋や日本に追いつく物質的豊かさこそ国家目標のすべてである」とする「物質偏重・拝金主義」の思考法だろう。すでに中国は、環太平洋時代への転換直前から、左脳偏重のOAタイプのエネルギーを強力に発揮する国として進んできたといえる。

地球の顔面中央部こそ日本だ

最後は日本である。日本は太平洋を中心に地球を一人のヒトと見ると、非常に納まりのよい形をしている。

図を見ると、アメリカを左目、中国を右目として、ちょうどその真ん中に日本列島が来る。人の顔の中心には鼻があり眉間があるが、同じように日本列島は本州が鼻、四国・九州は鼻の穴、北海道は眉間の形をしている。その納まりようは絶妙である。この点でも、環太平洋時代となってはじめて地球・人類は一人前になるといえる。

この位置に来た日本について述べておきたいことは、日本の持つ二重性である。

日本の場合、多重性といってよいが、特に指摘したいのは性の二重性である。日本は血液型民族分類ではBAタイプとした。これはO型気質中心から遠いという意味で女性的である。日本人が国際外交面で自己主張が少なく、受動的で、集団構成員全員の調和を重んじ、過去の歴史を忘れやすいというのは、日本民族の持つ女性的気質による。これは、アメリカ人が自己主張が強く、優勝劣敗の自由競争を重んじ、能動的、攻撃的で、リーダーシップがあって、どちらかというと男性的民族であるのと比較すればわかりやすい。

一方で、日本列島は環太平洋時代となって眉間と鼻の位置に来る。鼻は、どちらかというと男性的なものの象徴である。日本神話においてイザナギはアマテラス、ツキヨミを生んだあと、「鼻を洗って」スサノオを生んだ。そのスサノオはれっきとした男神である。また、脳医学においても、鼻の発達が悪いと精巣の機能低下が見られることから、鼻が男性の象徴であることは明らかである。

つまり、日本は環太平洋時代となって、民族気質としての女性面と地理的位置としての男性面の二重性を持つことになる。

また、日本は環大西洋時代においては後頭部の小脳に当たっていたものが、環太平洋時代においては一転して、地球というヒトの顔面中央部に来る。この転換も大きなもので、歴史における二重性だといっていいだろう。

第三章 日本のゆくえと役割

地球と宇宙の相似形

それでは、日本は環太平洋時代にあって、どのような役割を果たすのであろうか。その日本の役割を明らかにする前に、地球と宇宙が相似形であるという話をしておきたい。

私は二〇〇六年に、『誰も知らない「本当の宇宙」』（たま出版）を出版し、その中で宇宙全体の構造について詳しく言及した。その部分をかいつまんで紹介させていただくと…。

宇宙は全体として四極子型の磁場の形をしている。四極子型の磁場とは、四角い二つの磁石を反対向きに重ねてつくられる磁場の形である。それは、宇宙の北半球と南半球に流れる逆向きの、二系統のドーナツ状の電流によってもたらされる。一九八六年、ハワイ大学のブレンド・

タリー博士らは、長さ十億光年を超える巨大フィラメント（送電網）を宇宙空間に発見した。私は、その巨大フィラメントこそが、宇宙を取り巻くドーナツ状の電流の一部であると指摘したのである。

地上でコイルを巻くと中心に磁石ができるように、宇宙にドーナツ状の電流が流れることによって、その中心に棒磁石があるかのように磁力線が走ることになる。この磁力線によって光が曲がる。光は電気的要素と磁気的要素を持つ電磁波であるから、磁力線によって曲がるのである。その曲がり具合が遠くの光ほど大きいために、より遠方の光ほど波長が伸びて地球に届く。波長が伸びれば、その光はより速い速度で地球から遠ざかっているかのように見える。いわゆる「光のドップラー効果」で、これが「光の赤方偏移」の正体である。

現在は「ビッグバン宇宙論」と呼ばれる膨張宇宙論が主流である。その根拠は、「遠くの銀河の光ほどより速い速度で遠ざかっているように見える」ことにある。それは宇宙が膨張しているからで、過去をさかのぼると、宇宙はかつて米粒一つより小さいところに押し込められていた。それが百三十九億年前のたった一度の大爆発で今日まで膨張し続けていると説明する。

だが、ビッグバン宇宙論の根拠である「光の赤方偏移」が全く別の原因で起きているとすると、ビッグバン理論は錯覚だったということになる。実際、我々の住む太陽系をみても、記録のあるこの何千年か、膨張など一切していない。

光の赤方偏移の起きる原因

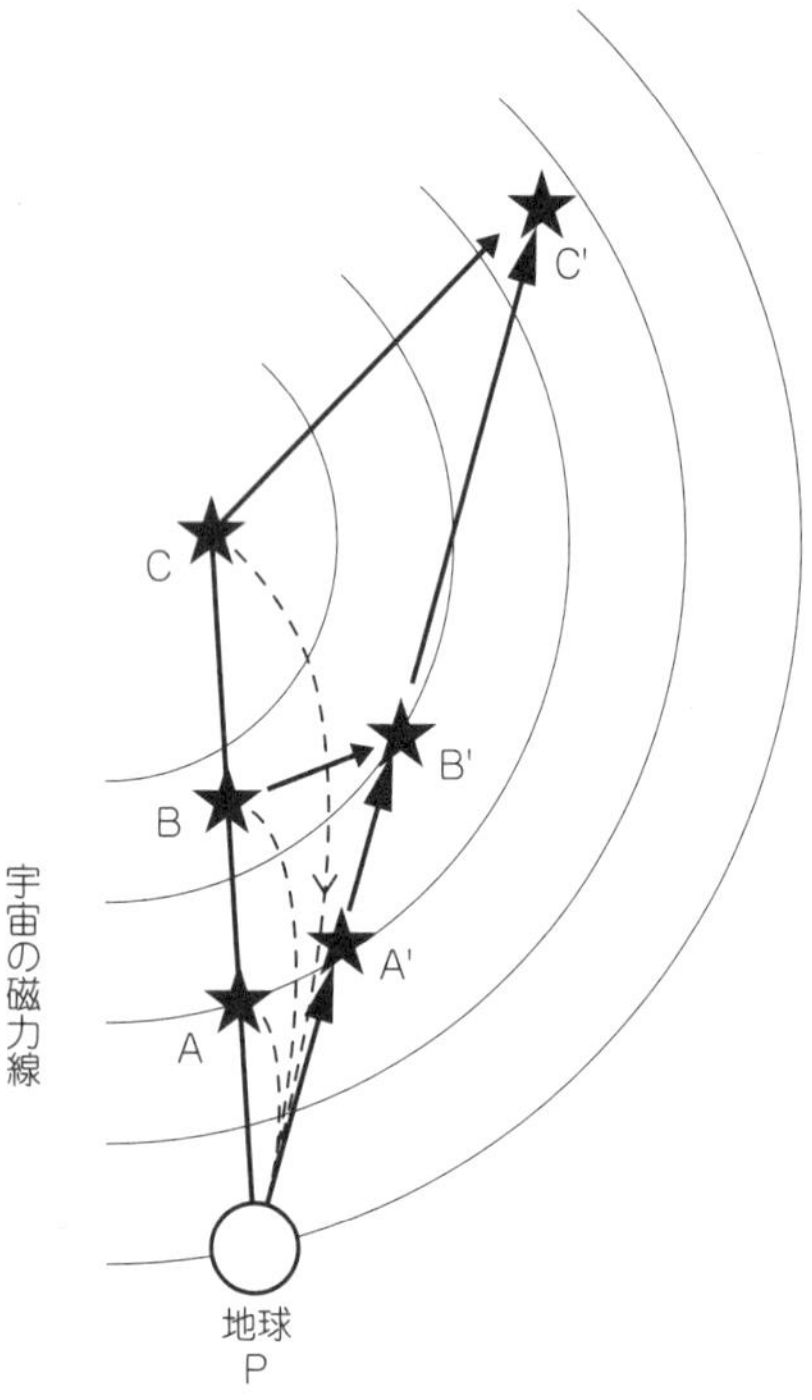

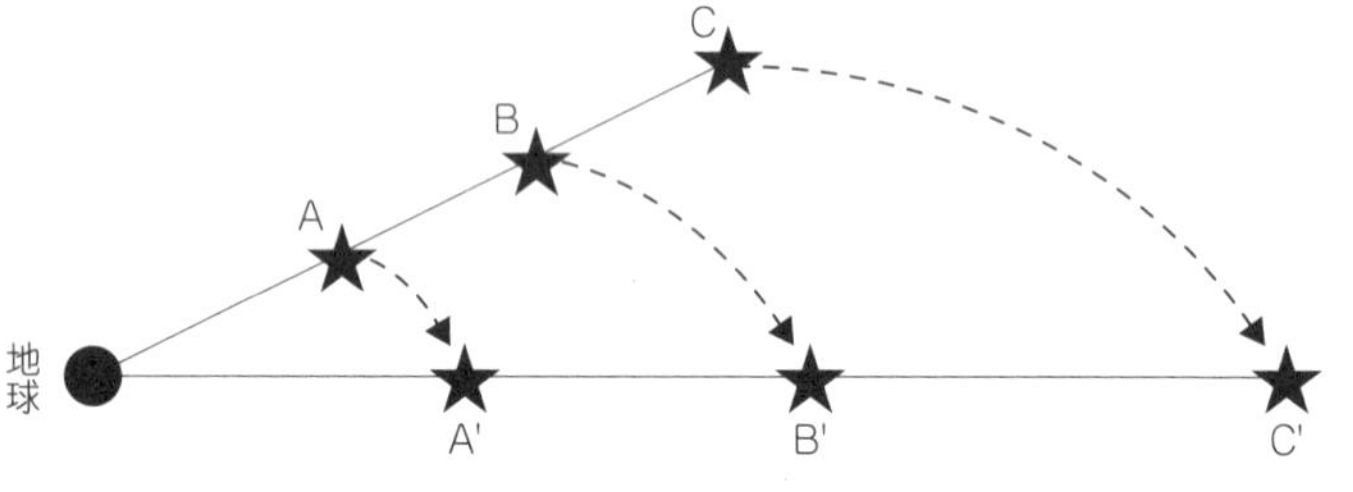

遠くの星ほど磁気の力で曲げられるため、より赤方に偏移して観測される。

また、米粒以下の大きさに宇宙全体が押し込められていたとするなら、それはどのような力によるのか。重力の力というが、宇宙は無重力の空間である。それなのに重力が働くというのは全くの誤りである。

加えて、その宇宙のタネは一体、どこから出てきたのか、その後はもう出て来ないのはなぜか、たった一度の爆発で百三十九億年間も膨張し続けるのはなぜかなど、ビッグバン理論には致命的な問題点が数多くあるし、冷静にみても出生・爆発から膨張の原理を実験室で再現できたことは一つもないし、一人もいない。その理由は、ビッグバンなど存在しなかったからである。

「ビックバン宇宙論」の誤りの根本は「光の赤方偏移」の理由を誤解したことに原因がある。遠くからの光は、宇宙空間にドーナツ状に走る二系統の電流のつくる磁力線で曲げられるために赤方偏移しているのである。

その電流のつくる四極子型の磁場は、図にすると四つの楕円を持つ形となり、ダルマの形に似ている。ダルマは人が手と足を隠して座った形だから、大宇宙は人の形にも似ているといえよう。

同時に、四極子型の磁場は、人の大脳・心臓にも似た形である。つまり、大宇宙は人間（ダ

宇宙は磁石を二個重ねたような四極子型の磁場をしている。

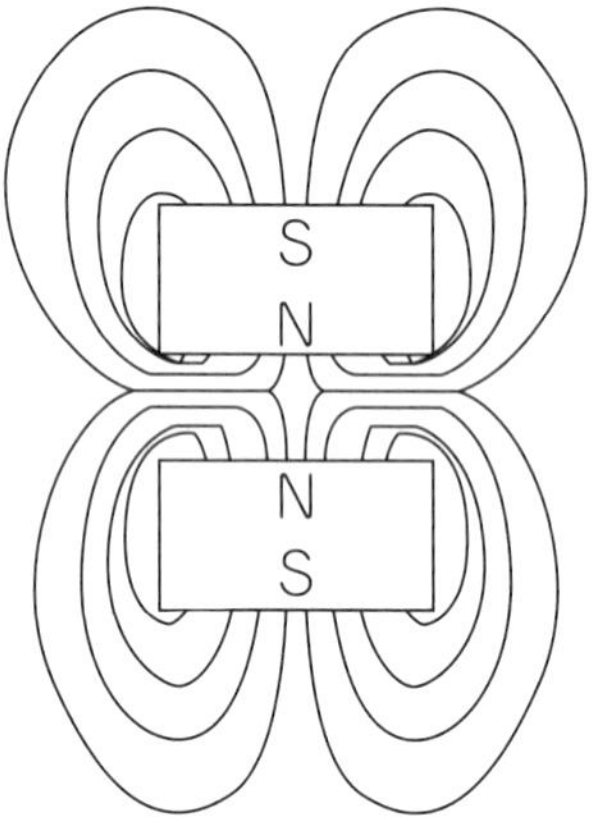

四極子型の磁場の代表的なタイプ。

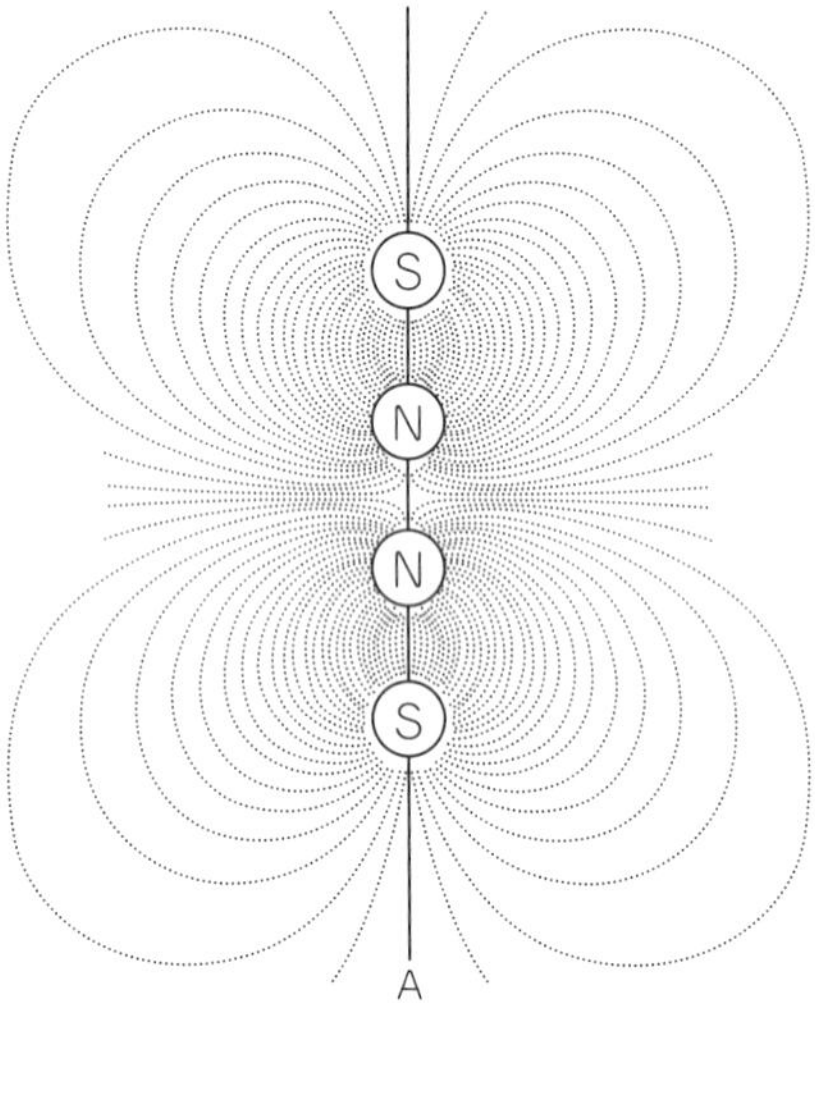

宇宙の四極子型の磁場は、北半球と南半球で向きの異なる２本の環状電流によってつくられている。

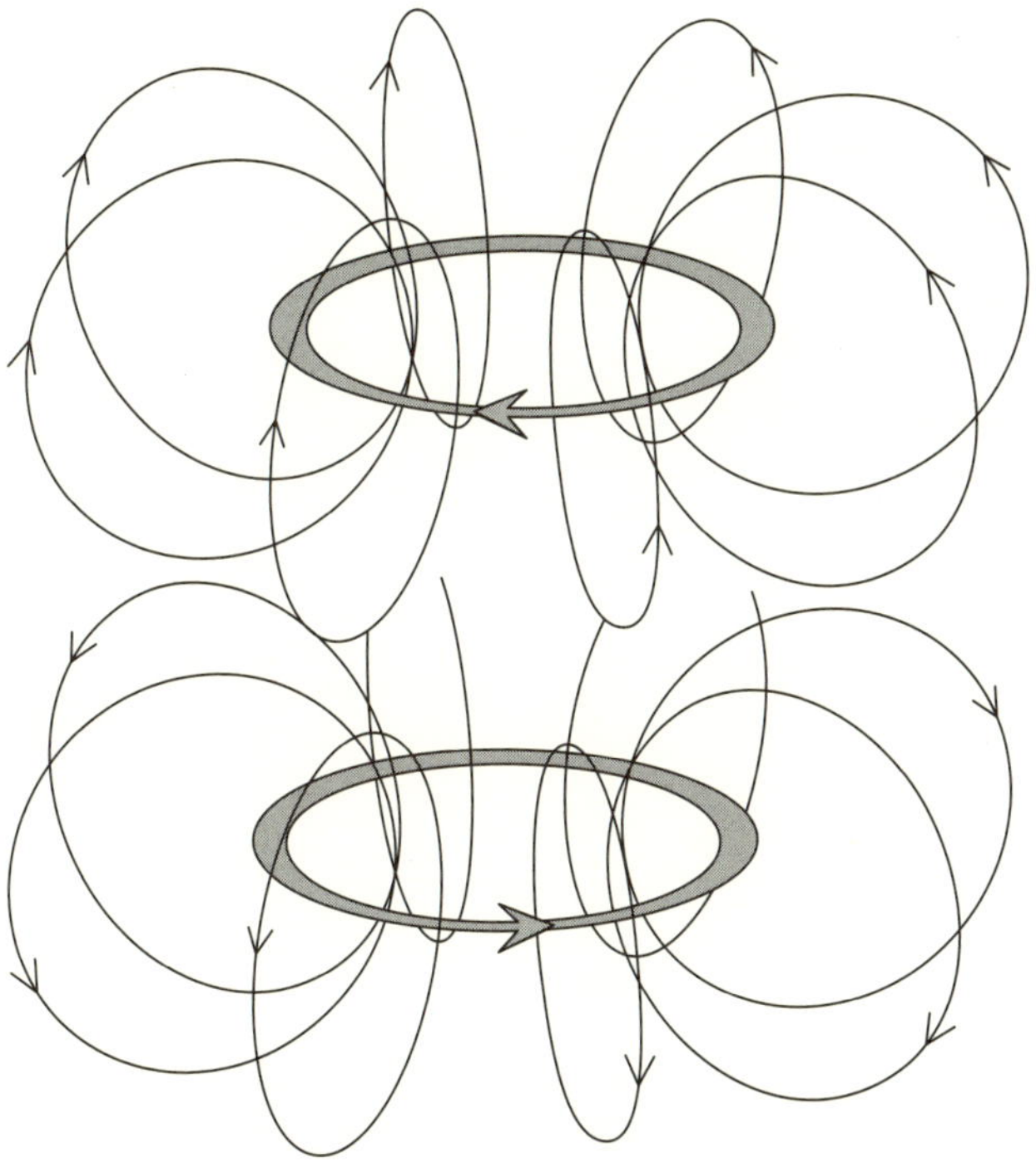

ルマ）、人の大脳・心臓と互いに相似形なのである。もちろん、人や人の大脳が宇宙に先駆けてつくられることはありえないから、「人や人の大脳・心臓の形は宇宙の縮小形として、大宇宙に似せてつくられた」ことになる。

本書では、「地球を一つの脳、一人のヒト」と捉え、地球の歴史や地理的傾向を説明してきた。そのように捉えられること自体、地球は大宇宙と相似形であり、宇宙の縮小形であることを指し示している。人の形や人の大脳・心臓と同じように、地球も宇宙の縮小形でなければ、これほど似るということはないのである。

この大宇宙と地球との相似形には、まだ続きがある。それは「宇宙における地球の位置」と「地球における日本の位置」の相似形である。

宇宙における地球の位置がわかるのか、というのはもっともな疑問であるが、現在、地球は秒速六〇〇キロの高速で大移動中である。これはアメリカの複数の研究機関で確認ずみの事実で、宇宙の中を地球が大移動した結果、地球は宇宙の北半球の中心近くに来ることになる。そこが大宇宙の上半身の鼻の位置にあたるからである。

詳しくは拙著『誰も知らない「本当の宇宙」』をお読み頂きたいが、宇宙の鼻の位置に地球が移動するのに合わせて、地球は環太平洋時代を迎え、地球を一人のヒトと見た場合の鼻の位置に日本が移動するわけである。恐るべき一致である。

宇宙との相似形

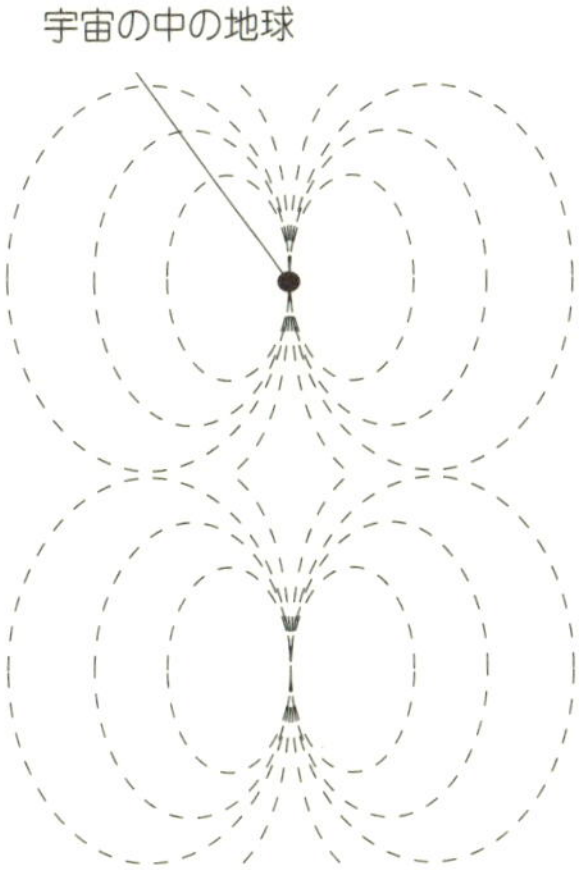

① 宇 宙

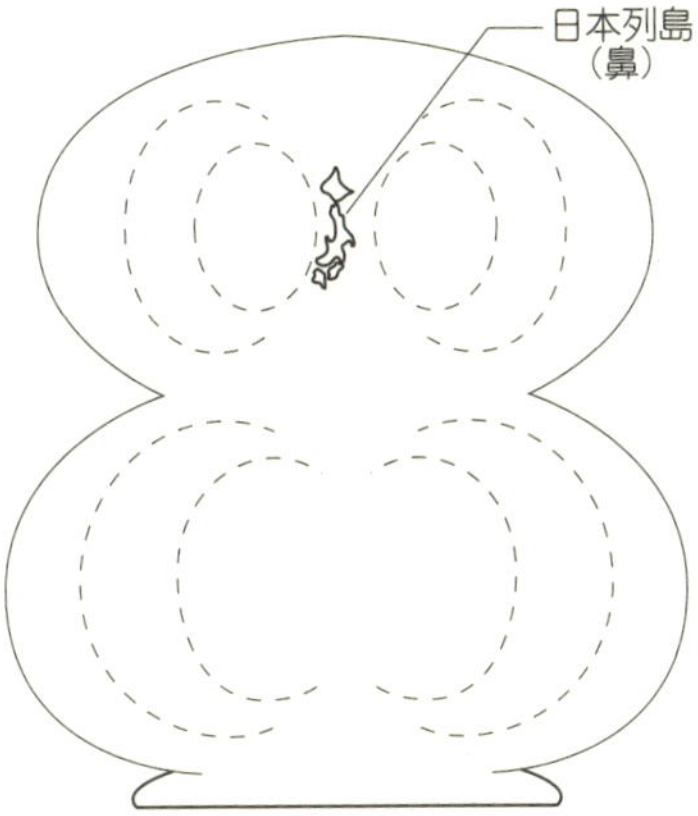

②地球、人間（ダルマ）

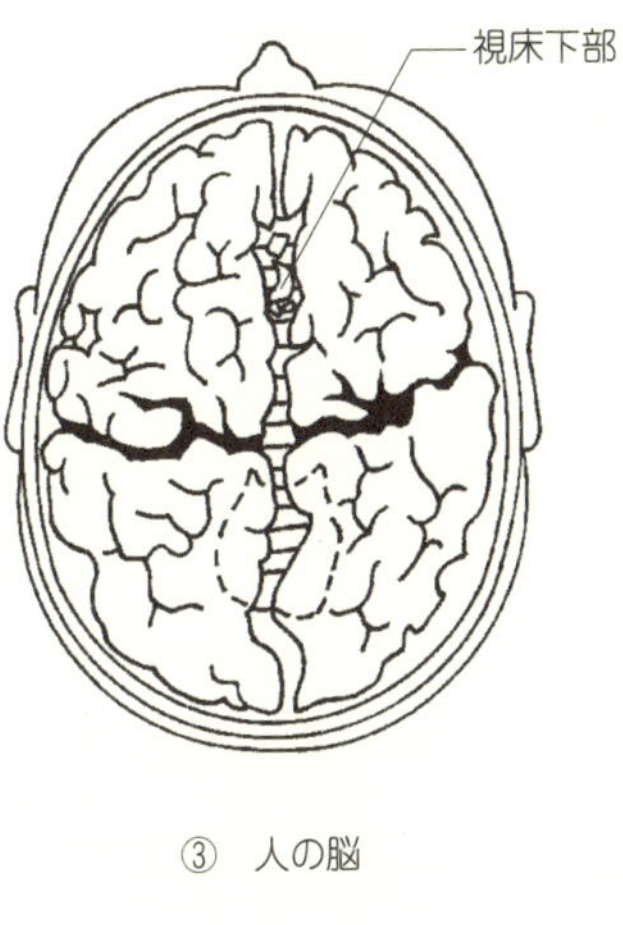

③ 人の脳

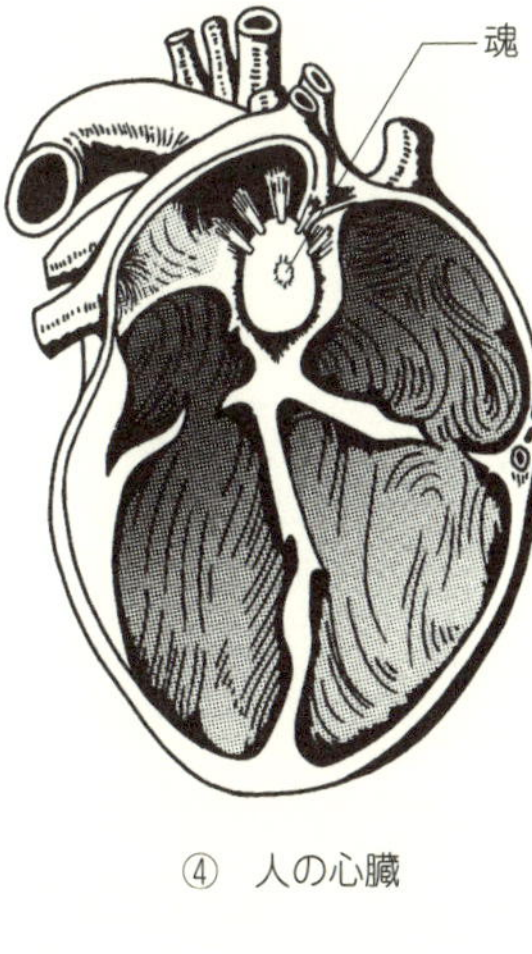

④ 人の心臓

なぜ、このように宇宙における地球と、地球における日本の位置が相似形を為すことになるのだろうか。この相似形は一体、何を意味するのであろうか。

これは推測するしかないのだが、大宇宙を創造し、日常的にもその運行を管理する造物主は明らかに存在する。その創造者兼管理者は地球、人間、脳、日本列島と相似形を見せることによって、地球や人間が大宇宙の直接の子供であることを示そうとしているのではなかろうか。子は親に似るのが当たり前のように、地球や人間が、親たる大宇宙の直接の子孫だからこそ、親たる大宇宙に似る。親子関係にあるからこそ外形が似るのである。それ以外に、この相似形を説明しようがないではないか。

人の魂、地球の魂

この話を進めると、「魂」の存在にいきつく。なぜかというと、人でも地球でも魂の存在場所が相似形の一部をなすからだ。

人に魂があるように、地球にも魂があり、大宇宙にも魂がある。魂とは生命の源で、魂が体内にある限り生物は生きていられるが、魂が抜けると生物は死ぬ。

地球や宇宙にあって魂はあまねく遍在し、一箇所に固定していないが、それでも、本来の所在場所・本籍地はある。問題はその本籍地だが、人の場合は、魂は心臓の内奥に存在する。

人の魂が心臓の内にあるという根拠は、インドのヨーガ哲学によって導き出せる。スワミ・ヨーゲシヴァラナンダ師によれば、「心臓の中には小さな種無しブドウのような空間をした楕円形の空間がある。その空間に『神我（真我・アートマン）』が鎮座している。この心臓内にこそ生命活動の支配者が宿っており、心臓の働きが止まってしまうと、この支配者は心臓部から抜け出していってしまう」（『魂の科学』）のである。

同様の指摘は『日月神示』によってもなされている。『日月神示』とは、戦前の大本教の流れを汲む岡本天命が「自動書記」によって書き上げたものである。手が勝手に動いて、数を中心とした文字（数文字）を次々と書くが、本人は全く読めず、専門家に解読してもらって本にまとめたものである。『ひふみ神示』というタイトルだが、彼

心臓内部にある「神我（真我）」の御座所

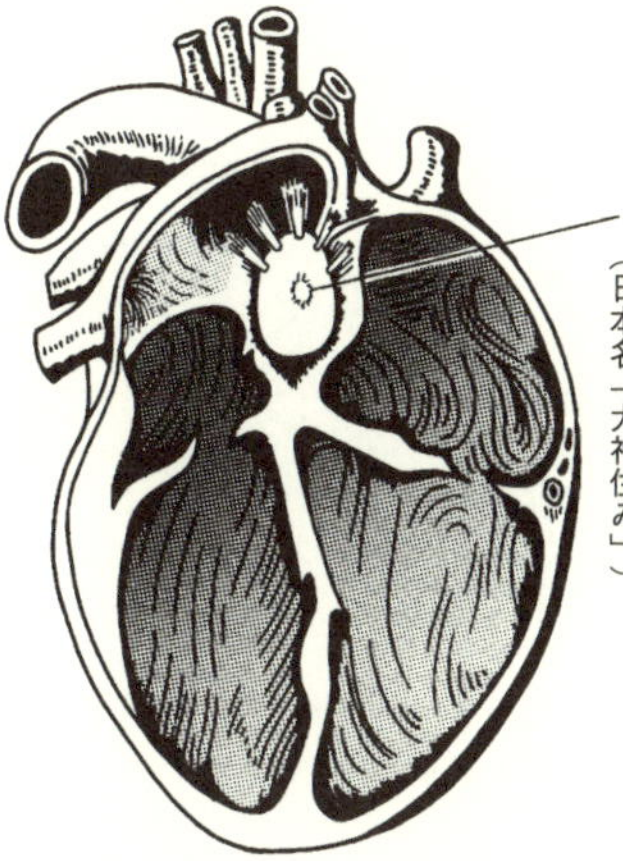

心臓の中央上方に親指ほどの空間があり、この中にアートマン（日本名「大神住み」）が納まっている
（スワミ・ヨーゲシヴァラナンダ著「魂の科学」たま出版より）

に自動書記させた神が自ら「日月の神」と名のるために、『日月神示』と通称されている。

その『日月神示』の続編に「心臓は誰が動かしていると思うているのじゃ」という記述がある。つまり、心臓は元の大神の分け御魂《みたま》が動かしていると日月神示は指摘する。

こう言うと、「心臓は自律神経が動かしているのではないのか」というかもしれない。確かに、一般的にはそのように説明されている。だが、それは真実を知らないからである。

そもそも自律神経や心臓は誰が動かしているのか。そのように遺伝子に書き込まれているとして、その遺伝子は誰がつくり、誰が管理しているのか。

我々は心臓の動きを止めないために飲み食いし、眠るが、それだけのことで、それ以上のことは何もしていない。それでも人が生まれてから死ぬまで、夜も昼も休みなく、何の対価も求めずに心臓は動き続ける。こうしたことが、日常の管理者なしでなされると思う方がどうかしている。

日本神話の中の「大神住み（オオカムズミ）」

この心臓に宿る魂については名前があって、『日月神示』には「この方はオオカムツミの神ともあらわれるぞと知らしてあることを忘れたか」（月光の巻　第一九帖）とある。

オオカムツミとは聞きなれない名前だが、日本神話の中に一度だけ出てくる。『古事記』によれば、イザナギはイザナミらに追われて黄泉比良坂《よもつひらさか》（この世と黄泉《よみ》の国の境）のふもとまで逃げ帰り、そこにあった桃の実を三つ取って追っ手の悪神どもに投げつけた。悪神どもは退散し、おかげでイザナギは助かった。そこでイザナギが桃の実に告げていうには、「お前が私を助けてくれたように、芦原の中つ国（この地上の人間界）にあるすべての人々が苦しい目にあって悲しみ悩んでいる時には助けてやってくれ」。こう語って桃の実を「オオカムヅミ」と名付けたという。

この「オオカムヅミ」であるが、現代風には「大神住み（オオカムズミ）」と書く。桃の実は心臓に似ている。つまり日本神話において、桃の実に似た心臓に「元の大神」が住んでいることを示すために、オオカムヅミ（大神住み）と名付けたと考えられるのである。

さらに、この大神は心臓を動かすだけでなく、イザナギが願ったように、人々が悩んでいる時に「内なる気づきを与えてくれる神」でもある。

ところで、この「大神」とは、大宇宙をつくった「元の大神の分け御魂」である。元の大神とは、日本神道における創造神「スの神」と同一で、最初は左まわりの渦、次に右まわりの渦、そしてふたたび左まわりの渦によって大宇宙をつくった、大元の創造神である。

その元の大神が、さらにそれぞれの生命をつくるために自らの分身たる魂をつくった。だからこそ「オオカムズミ」というように「大神」の名前がつけられているのである。「元の大神の分け御魂」をいただくことによって、地球も人も動植物も生命を宿すことができるのである。元の大神と身魂、心や意識がどういう構造になっているかを判りやすく図に示しておく。通常、魂といった場合、各人の「身魂」を指す。それぞれの身魂の内奥に「元の大神の分け御魂」が鎮座しているのである。

大神住み（神我）と自分

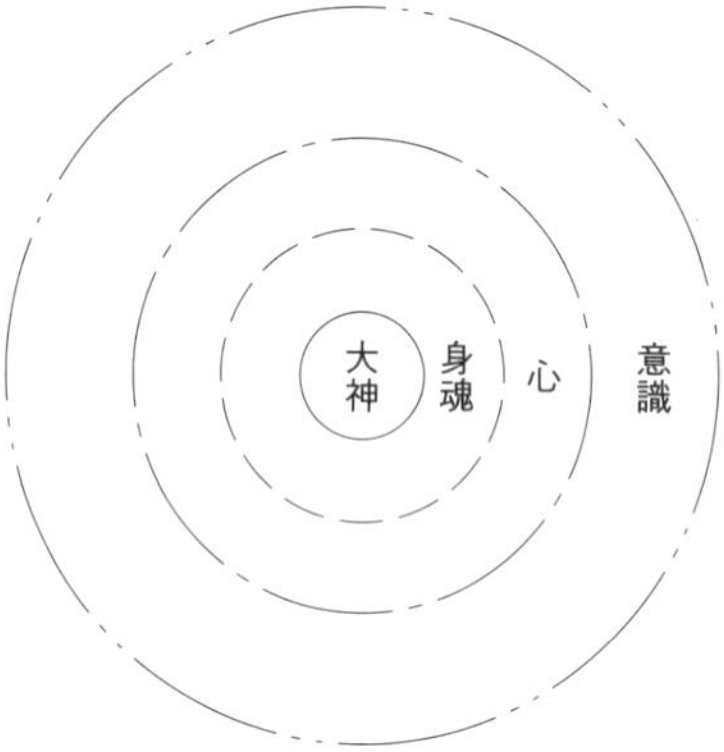

その分け御魂を包み込んで自身の身魂があり、これが心とつながり、さらに意識とつながっている。だから、「人間の意識や魂も、結局はニューロンの相互作用に過ぎない」などという現代風の説は、人間の魂も心の根源も全くわかっていないと言うべきなのである。

「人は神の分身」「人は神の子」と時折いうが、これはそれぞれの人には魂が内在しており、その身魂の内側に「元の大神の分け御魂」が住んでいることを指している。元の大神の分け御魂が内在しなければ人も魂も生きてゆけないのだから、人は「神によってつくられ、神によって生命を維持されている、事実上の神の子」というのは全く真実なのである。

ちなみに、日本神話に「オオカムズミ」と記載があり、これは宇宙の根源神につながる魂が心臓に内在することを意味している、という指摘は、言葉は違えど、ヒンドゥー教も全く同じことを述べている。ヒンドゥー教では、宇宙の創造者であり絶対者であるブラフマンと、各人の内奥のアートマン（真我）とは根源的に同一であると述べている。この点でも「恐るべしインド」である。

丹田に「玉の緒」

「玉の緒」についても話しておこう。これは気功や整体術をきわめた人の言うことであるが、胎児がへその緒で母親とつながるように、人の魂にも「魂の緒」があり、それは「玉の緒」と呼称されて、へそ下三寸の「丹田」とつながっているという。

丹田とミゾオチとは「虚と実」で対照となっており、「丹田が虚ならミゾオチは実、丹田が実ならミゾオチは虚」の状態となる。「実」とは気が満ちて充実した状態であり、「虚」とは力のぬけた、気のぬけた状態をいう。魂＝生命力は、丹田が充実した状態で最もよく力を発揮する。丹田が気の抜けた虚の状態では気力がなく、健康も弱まっていく。以上のことからも、魂は「玉の緒で丹田とつながっている」と推定される。

ちなみに、この魂は輪廻転生する。「肉体は死んでも、魂は不滅」というのは事実で、ヒンドゥー教が「人間の本質は霊魂である。死は肉体が滅びただけで魂は不滅である。人間存在はこの一生のみではなく、魂が肉体に転生して生まれかわり死に変わりゆく」と教えるのは真実なのである。

日本に広く伝わる仏教においても「輪廻の思想」があるから、日本人はもっと「魂の輪廻転生」を理解してよいのだが、どうもそうではない。だが、二〇〇〇人以上のデータから抽出された『前世を記憶する子供たち』(日本教文社刊)という本にもあるとおり、人の魂は輪廻転生するのである。

神殿の「鏡」の意味

ここで、日本神道の神具たる「鏡」についても触れておこう。神道の場合、本殿の中央にあって礼拝の対象たる「神をあらわす物＝御神体」は、剣、玉などもあるが、多くの場合一枚の鏡である。

その意味は、神社にお参りに行って「神様に感謝とお礼、お願いごと」をしようと正面を向いたら、そこに、鏡に映る自分がいる。神道では「魂は神の意思の宿るところ」であるから、神社において参拝することは「神殿の鏡に映った自分自身の、身魂の内奥にいる神」に対して参拝することになる。

このように、人の心臓に元の大神につながる魂が宿っていることは、古代より日本神話や神社の神具に承継されてきた事実からも明らかなのである。

心臓の魂の位置と地球での日本の位置

話を戻すと、問題は、心臓の中で魂の存在する場所である。その位置は、地球を一つの脳、一人のヒトと見た場合の日本の位置と相似形になっている。

この意味は、心臓に魂が鎮座するように、地球にも地球全体の生命の源である魂の常駐場所がある。「地球の魂の本籍地」といってもよいが、その本籍地こそが日本列島なのである。だからこそ、心臓における魂の所在場所と、地球における日本列島の位置がほとんど相似形なのである。

つまり、日本列島の地に生まれた日本人は、地球生命の魂の本籍地に生まれ、地球生命の鍵を握るほどの活動を期待される存在だといえるのだ。

日本の果たすべき役割

さて、話はずいぶん回り道をしたが、日本列島が地球を一人のヒトと見て鼻の位置、あるいは地球を一つの脳と見て視床下部の位置に来ることによって、時代の舞台はととのった。

先行する環大西洋時代にあってイギリスがこの地にあった時には、地球の位置はまだ宇宙の南半球にあったから、地球と宇宙は相似形ではなかった。そういう意味で、宇宙、地球、人間とすべてが相似形で揃うのは、宇宙史において環太平洋時代がはじめてである。

そういう画期的な時代を迎えて、日本の果たすべき役割は何だろうか。

かつて似たような地球上の位置にあったイギリスは、産業革命を勃興させ、武力で世界に植民地を築き、自由貿易を世界に推し広め、現在においてもマネーゲームに奔走する国際金融の本拠地である。いわば資本主義のリーダーとして、「物質文明・貨幣経済のコントロール・センター」であったといってよい。

一方、日本の役割はこれとは大分異なってくる。日本人のよさ、日本文化の素晴らしさは、日本人自身が気づいていない面が多い。しかし、それが明らかにされ、システムとして再構築できれば欧米の欠点を補ってあまりあるものになる。

欧米のシステムは、思想としては個人主義、科学万能主義、物質文明崇拝であり、政治制度としては法治国家、民主主義、三権分立などである。それらを支える経済システムは、資本主義、共産主義ともに西欧の産物である。

この西欧で花開いたシステムは歴史的に有意義なものであったが、その熟成にしたがって様々に欠陥が露呈してきた。特に、社会主義に勝利したとされる資本主義システムにおいて、圧倒的な格差社会をもたらし、通貨危機を招いて国家を危機に陥れ、地球環境問題を深刻化させ、人類を存亡の危機にたたせるなど、その欠陥が著しい。

共産主義はソビエト崩壊とともに消滅したが、一方の資本主義も「自由競争」の美名のもと、弱肉強食で貧富の差を拡大し続けている。今や、世界の富の七割を上位一〇％の者が握り、残る三割の富を九〇％の人々が分けあっている。

世界をわが物顔で多国籍企業が跋扈している。安い資源、安い労働力、安い税金と緩やかな規制を求め、いつでも国家を捨て、または国家に圧力をかけ続ける。額に汗して働くことは愚かな者のやることだ、といわんばかりに、株や為替、金銀を投機の対象として巨額のマネーゲームに没頭する。もはや無制限の資本主義も終わりにする時期だといえよう。

このような経済システムのみならず、思想としての個人主義の欠陥も著しい。伝統的な日本の価値観に従えば、人は家族の中に生まれ、家族に看取られて死ぬのを至上の喜びとした。「故郷に錦を飾る」という言葉があるように、日本では誰でも最終的に帰属する共同体（家族や村）があり、それは個人を根底で支える「見えない力」だった。戦後六〇年が過ぎ、欧米にならって個人主義をすすめた結果、今、日本の美風は危機に頻している。個人主義の先進国であるアメリカを見ても、その行き着いた結果は、離婚が激増し、子供のための愛情ある家庭の維持が忘れられたかのようである。これでは、個人の自立を促す個人主義の域を超えて、ただの利己主義になっているといえよう。

また、西欧の制度を模倣した日本に特徴的なことだが、国民主権や民主主義を標榜しながら、依然として「国家の柱」を見出せないでいる。戦後六〇年たって豊かにはなったが、今後、日本が何を行動基準とし、どういう方向に舵を切っていいのかわからずにいるというのが現状だろう。つまり、今後の日本について考える時、日本人自身が、自分たちの行動基準となる国家理念をきちんと整理できていないところに大きな問題がある。この点を整理できれば、世界の中で日本が果たす役割についても自ずと明らかになる。

国の最高規範が同時に個人の行動基準ともなり、あわせて世界の進むべき道を示す。小さいながら理想国家をつくって世界に模範を示し、一方のリーダーとなるためにも、国の最高規範を整理することが重要である。

技術立国

その最高規範として、第一に「技術立国」をあげたい。日本は資源の少ない国であるから、資源を輸入し、これを加工して製品化し輸出する。そのために技術力が必要であるとして「技術立国」が叫ばれた時代があった。現代にあっても資源を輸入し、これを製品化して輸出するという構造は変わっていないから、技術立国が最重要の国家指針であることは変わりがないはずである。

ところが、最近の傾向を見ていると、日本はあたかも技術立国を捨て、商人国家や金融立国を目指しているかのようである。

商人国家とはいっても、江戸時代から続いた日本の伝統的な商人の姿とは明らかに異なる。伝統的な商人の姿とは、奉公人を店に住まわせ、まじめな成功者にはやがて暖簾分けをして新たに店をもたせ、それほど能力のない者でも一生店で働くことができるという、家族的経営を旨とした商人である。

現代は利益があがると見れば、中国など人件費の安い国にノウハウを教えて製品化し、これを日本に輸入する。日本の生産者や勤労者の生活がおびやかされることなどどこ吹く風で、場合によっては生産拠点そのものを低賃金の外国に移し、その製品を日本に輸入するから、日本国内では技術が継承されないし、蓄積もされない。海外に移転することのできない中小零細企業や従業員は置いてきぼりである。

このような利益至上主義の商人資本は、多くの国に拠点をもつ多国籍企業がその典型である。それがさらに進むと「グローバル化した無国籍企業」となるが、そうした無国籍企業が日本でも増える傾向にある。海外の株式市場に上場したり、ケイマン諸島などタックス・ヘイヴンの地に本店登記したり、外国企業と一緒になって日本政府に市場開放や規制緩和をせまる企業などは、すでにその領域に達しつつある。

もちろん、中国やベトナム、インドなどに生産方法を教えるなと言っているわけではない。中国で消費される物を中国で生産する、あるいはベトナムやインドで消費される物を、その地の工場で生産するというのは理にかなっている。

問題にしたいのは、日本でつくっていたものをあえて中国などで生産し、その製品を日本に輸入するようなケースである。安い人件費で生産すれば製品の値段は安くなるが、だからといって生産拠点を海外へ移せば、日本人の雇用は確保されない。しかも、日本を離れることの出来ない中小の下請企業や従業員は壊滅的打撃を受ける。これでは目先の経済的利益のために、いつでも国家を捨てる、無国籍の企業そのものではないだろうか。

商人国家とは、安い物を提供するという「消費者優先」の美名のもと、自国民の雇用を捨てても自分たちの企業利益を最大限に考える、経済至上主義・拝金主義の国民性をいう。

もう一つ、技術立国に対比するに、金融立国というのも問題である。この両者の価値観は、短期的にはともかく長期的には相容れない。

日本は、特に一九九〇年代の金融ビッグバンの時期から「直接金融重視」の国是に変わってきた。企業の資金調達が、主に銀行借入れによることを間接金融といい、株式や社債発行によって資金調達することを直接金融というが、政府は「金融ビッグバン」などのスローガンと低金利政策で、銀行より株式市場に国民の金がまわるような政策を、ここ十数年進めてきた。その結果が不労所得願望型の経済と格差の拡大である。

金融とは、株式投資にしろ銀行預金にしろ、そもそもが「不労所得」である。株式の場合、その度合いはきわめて強く、労せずして大金が儲かるとなれば誰もまじめに働こうとしなくなる。「額に汗して働くのは愚か者のやることだ」といわんばかりに、ベッドに寝ながら情報収集に努め、売り時と買い時に眼を光らせるだけである。

こういうと「株式投資家も脳ミソに汗をかいている」という反論がある。だが、脳ミソに汗をかいているのは農業者や製造業者、技能労働者も同じである。有益な使用価値を全く生まない株式投資家だけが不労にして巨万の富を手中にするのは、明らかに不平等・不公平である。

とくに小泉政権下で、株式の譲渡益課税が、一般勤労所得の五〇％課税（超過累進の最高税率）と較べて破格の一〇％に優遇されたというのは、明白な意図を感ずる。

彼らは「株式の売買の増えることが経済の活性化だ。だから株式の税金を優遇する」というが、株の売買が増えて得をするのは、上場企業と証券会社、ならびにプロの投資家のみである。もちろん一部の素人もおこぼれにあずかることはあるが、いずれにしろ不労所得の株式売買を前提に成り立っているから、「額に汗して働くことを美徳とする技術立国の精神」とは全く相容れないのである。

日本精神の復活

次に日本人が検討すべきなのは「日本精神の復活」である。

最近の耐震偽装事件や、政府・自治体の関与したやらせや汚職、親子間の殺人、フリーターやニートなどで将来の生活保護にむかう若者達、世を覆う拝金主義や世紀末ファッションなどの退廃した風潮を見るに、国家としても個人としても、日本人には道徳も責任感も骨太の精神もなくなったと感じてしまう。骨がないのに「多数決による民主主義や個性の尊重」を謳えば、糸の切れた凧のごとく、海にただようクラゲのごとく、マスコミ世論に流されて踏みとどまるところがない。このように日本人から倫理観、骨太の精神が失せつつあることを危惧する人は私だけではないだろう。

こうした日本人に倫理観を復活させる方法として、「日本精神の復活」にいきつく。

日本精神とは、一言で言えば、「大和魂《やまとだましい》」に支えられた古来の日本的価値観である。これは「和魂洋才」といった時の和魂であり、武士道などはその重要な一部をなしている。

武士道というと、「古い」というかもしれないが、武士道の中心は「論語、仏教、日本神道」であり、それらが日本精神の背骨をなしてきたことを否定する者はいないだろう。

「武士道」は、鎌倉幕府以降に栄えた武士の精神を抽出して解釈したものだから、数百年前に流行ったものである。だが、民族精神の形成にとって、特に江戸時代を中心に熟成された文化や伝統の影響は大きく、その時代の鍛えられ方が、日本人の民族精神の形成に大きく関与したことは疑いない。

このように、武士道を知ることは、今は失われつつあるがかつては海外でも評価の高かった日本人の気高さ、道徳性の高さ、優しさ、勇敢さの由来を知ることでもある。

「武士道」の解説書にも色々あるが、わかりやすく要点を突いているのは、明治学院大学教授の武光誠氏による『日本人なら知っておきたい武士道』だろうか。

もちろん、武士道といった場合の古典的著作は、新渡戸稲造の『武士道』である。新渡戸はベルギーの学者から「日本の学校では宗教教育がないというが、ではどのようにして子孫に道徳教育を授けているのか」と問われて答えに窮し、日本人の道徳を支えるものとして武士道に思い至った。これをキリスト教徒の多い西洋人向けに解説しようと、一八九九年に『武士道』を書いた。そのため、武士道の重要な価値を「義、勇、仁、礼、誠、名誉、忠義」として定義づけ、体系性にすぐれている。

しかし、武光誠は「新渡戸の考えた武士道は、朱子学の影響が強くて理屈っぽく、江戸時代後期のものである。真の武士道ははるかに素朴な形のものだった」と指摘する。

以下は「武光説」によるが、それによれば、武士道は平安時代なかばの十世紀以降、農業技術の発達を背景とした日本的「家」の成立とともに起こってきた。それまでの一〇〇〜二〇〇人程度の血縁集団から独立して、自分の妻子とこれに従属する血縁者、非血縁者を率いて一家を構える家長があらわれたのである。

「家の構成員を外敵から身体を張って守り、かれらの食料を責任をもって確保する」という、家長としての現実的な責任をふまえる形で武士道はつくられていった。ゆえに家の指導者、統率者として身につけるべき責任感が武士道の中心にくる。

もちろん、家長の力にも限界がある。そのため、家長たちを指導して一個の村落を自衛する、指揮官としての武士があらわれた。いわば「独立した家を集めた荘園村落の小領主」としての武士である。

特に、農村の支配者となった武士たちは、農民に尊敬されるために、農村で受け継がれた古来の神道に基づく道徳にしたがって生活した。その意味で「武士道は神道をもとにしてつくられた」といえる。

武士の身分は、豊臣政権下での「刀狩り」以降、農民と完全に区分された。ために「武士道」として独自の発展をとげることになるが、農民統治を出発点とした武士道の基本は、農耕民族を核とする日本人の道徳観とよく合致したと思われ、武士以外の階級にも広く普及していったのである。

ちなみに「日本人は言うべきこと言いたいことを明確には主張しない」という傾向も武士道に基づくものである。「武士に二言はない」というように、武士は一度言ったことは変えず、かつ、口数が少ないことが美徳とされ、言葉が多いのは二流以下の人物とされた。

武士道精神は、戦前の国家主義・軍国主義に際して、天皇に忠誠をつくすよう利用されたことは事実である。だが、本来の武士道は「家長が家を治め、複数の農民家長をリーダーとして治める際の心得」であった。国民の命を粗末にした軍国主義調のものとは大きく違うのである。

さて、武士道の主な柱は、「孔孟の思想、仏教、神道」の三つである。

そのうち孔子が『論語』で述べた五つの関係、すなわち君臣（治める者と治められる者）、父子、夫婦、長幼、朋友における格言の数々は、日本人の支配階級の武士を規制するのに特にふさわしかった。戦前の『教育勅語』も、その内容から、『論語』と国家神道をベースにつくられたものだといえる。

『教育勅語』は、天皇崇拝・国家主義の側面を持っていたため、軍国主義の原因とみなされ廃止されたが、元々の古神道は自然の山河に八百万の神々を見るなど、自然崇拝に近い。また、「人間は本来、善良なものだから、みんなが心のままに生きるのがよい」とする性善説にたつ。これらは軍国主義とはほど遠い。いずれにしろ、戦前の行き過ぎはあったが、戦後において道徳や人間的生き方を教える「修身」の時間まで廃止されたのには多いに問題があった。戦後教育の大きな欠陥である。

ちなみに、先に述べた商人国家のごときは、武士道精神とも対極にある。武士の栄えた江戸時代、封建制での身分は「士・農・工・商」、つまり武士階級が最上位、次に農業者、その次は工業者、最後に商人であった。

なぜ封建制下において商人が最下級だったのか、現代においては理解することは難しいだろう。それほど現代は街角に商店があふれ、商人資本が大多数を占めている。いわば資本主義は商人資本が中心だともいえるが、封建制下にあって、このような身近の商店が問題視されて最下級に置かれたわけではない。

　歴史的に士農工商の身分制度は、権力者たる武士に富を集中させない効果をもったが、商人資本が巨大化すれば、やがては国家の枠をも超え、グローバルな無国籍企業となって国家に対して圧力をかけ続ける。利益になるとみれば自国の工場や農業者、地域に根ざした商店がつぶれようともかまわない。他国での戦争も自社の売り上げが増えるなら歓迎で、「死の商人」も商人資本なのである。

　いわば「利益至上・経済至上の拝金主義」で、そこには人間としての倫理も道徳のかけらもない。江戸時代の身分制度は、商人資本がこのようにグローバル化した時の内にひそむ危険性を察知していたのではなかろうか。


　さて、ここまで「日本精神」の象徴として武士道を取りあげたが、厳密には日本精神の幅はもっと広い。日本精神の根幹は最初に述べたとおり、「大和魂」であり、和魂洋才といった場合の「和魂」である。

　大和魂と武士道の関係について新渡戸は「武士道の発展したものが大和魂」だといい、一方、戦前の歴史学者・津田左右吉は「新渡戸が武士道としたものは、正確には『大和魂』とすべきもの」と指摘した。しかし、残念ながらこのいずれもが的はずれの議論だといわざるを得ない。大和魂とは、本来、武士道を超えるものであるからだ。

大和魂については、一八五九年に吉田松陰が刑死前夜に詠んだ「かくすれば　かくなるものと知りながら　やむにやまれぬ大和魂」という歌が有名である。だが、このような「論理を超えた勇敢さ」だけが大和魂ではない。

そもそも日本古来の芸術や格闘技には、茶道、華道、剣道、柔道、相撲道、空手道など、ほとんどに「道」がつき、それぞれの道を究める者は尊敬された。そのような「心技体をととのえて道をきわめる生き方」こそ「大和魂の発現」なのである。

よく日本の文化は「気の文化」といわれる。気分、気合い、気力、気が合う、気が休まる、気になる、気がきく、病は気から、殺気、怒気、空気を察する、気候、天気など、いろいろな使い方をされるが、これらの「気」も、それぞれの「魂の波動の微細な発現」である。

日本が欧米の文化とちがって「気の文化」であるというのは、日本人が「言葉にはされないが、それぞれの魂の微細な発現である『気』に敏感な感性」を重視することを指す。

さらに、「和魂洋才」といった時の「和魂」は、日本的な「和を重視した心」と理解されているが、大和魂は「ダイ・ワコン」とも読める。つまり「広く、地球全体の調和をめざす魂」である。

日本人は元々ＢＡタイプであるから、自己中心性の薄い民族である。意識して「日本精神」の継承につとめないと、子供たちはテレビや漫画文化に影響され、ただ軽薄な糸の切れた凧のような「根無し草」の民族となってしまいかねない。それでは心臓を動かしつづける「大ワコン様」も、日本人を見放してしまいかねない。

これまでは、何があってもジッとがまんして心臓を動かしつづけてくれた大ワコン様の多大なる「ご神行」に報いる意味でも、感謝の気持ちを込めて修養し、おのれの責任と役割を精一杯、果たすことが重要である。

自立と共生

日本を再構築する、残る規範は「自立」と「共生」である。自立には、国家の自立と個人の自立がある。

国家だけ自立して個人が全く自立できず、自由な思考や発言がおさえられるというのは独裁国家であるし、個人は自立しているのに国家は独立国としての体をなしていない、他の国の従属国であるというのも問題である。

「自立する」とは、ただ経済的に必要な収入を得るだけではなく、自ら決断し、その言動に責任を負うことを意味する。これは国家においても同じで、「日本は経済だけに専念して軍事や外交の判断はアメリカにまかせておけばよい」という経済市場主義・商人国家論は、国家としての自立を放棄するものである。

もちろん「中国の市場は魅力だから、何を言われても経済優先でがまんしよう」という態度も商人国家の延長で、自立した国家の行動とはいえない。中国にもアメリカにも媚を売る「媚中・媚米外交」は、独立国としての対等な関係とはいえないのである。

また、「共生」は地球環境との共生を筆頭に、他国・他民族との平和的共存、すなわち「平和主義」を含むものである。

今日の世界経済は、地球に過大な負担を強いている。地球温暖化、森林の減少、土壌の浸食、拡大する砂漠、地下水位の低下、漁獲過多、種の消滅など、そのどれをとっても危機的で、現在の大量消費を前提とした資本主義経済を同じように続けるのは、もはや困難だといえる。

そうした大量消費型の資本主義に規制を加えることと、無制限な格差の広がりに規制を加えることが「共生」の重要点となる。

規制のない自由競争を主張する市場原理主義では、地球環境の破壊に全く対処できないし、利己的な欲望を前提とした弱肉強食の自由競争では、貧困の拡大は解決できないのである。

企業の広告費に課税する

この共生の原理を守るために必要なのが、企業活動への規制である。資本主義は物欲を前提とした自由競争を原則とする。特に最近は「小さい政府」を標榜して、できるだけ規制のない無限競争社会を理想とする「市場原理主義とグローバル化」が自民党政府の柱となっている。この行き着く先は「格差の拡大」で、貧富の差は圧倒的になる。こうした格差の拡大は、主に「企業による活動」を通じてなされるから、企業の活動に一定の枠をはめることが重要となる。

それと同時に、地球生態系を破壊するほどの大量消費への規制が課題である。大量伐採、大量廃棄を前提とする大量消費を抑制しなければ地球環境に未来はないのである。

そのための一助として考えるのが、企業の広告宣伝費に課税することである。

現状のモノの流れは、「大量伐採（採掘）→大量生産→大量販売→大量消費→大量廃棄」である。その流れを、地球環境が許容できるまでに縮小するために、大量消費、大量廃棄をあおる広告費に課税しようというわけである。

課税の金額は、「年間五〇億円を限度とする」くらいが理想だが、年一〇〇億円を限度とする課税でも効果はあるだろう。驚くような金額だが、自動車や電機メーカー、化粧品や食品会社、電力会社などは、どこも年間で数百億円の広告費をつかっている。

日本では昔から「桃李もの言わざれども下おのずから径を成す」といった。本当に必要でよい物は、何も次から次へと広告宣伝を繰り返さなくとも、口伝えで広まるものである。

また、「広告費が減れば、経済が縮小する」という懸念があるが、それで減るのは元々がバブルの部分なのである。現在の大量伐採、大量廃棄は明らかに地球の許容限度を超えており、次世代に有益な資源を残しておくためにも、際限のない拡大を止めるべきと考える。

一企業の広告費が年一〇〇億円と規制されれば、それだけ大量消費・大量廃棄をあおる行為は減るだけでなく、その影響はテレビのスポンサーの減少や新聞紙面の縮小となってあらわれる。結構なことで、それを機会にテレビは「子供や青少年に多大なる影響力」のあることを自覚して、もっと健全な娯楽番組の提供に力を尽くすべきである。

また、新聞紙面の縮小は、即、森林の伐採量の減少につながるから、地球温暖化対策としても有効なのである。現在の朝刊はどの社も四〇ページ近くあるが、紙面が二〜三割減ったとしても読者は一向に困らないだろう。

企業活動への規制方法は他にもあるが、この「広告費への課税」は地球環境保全のため、急を要するものである。

小学校でソロバンと偉人伝「上杉鷹山」を！

続いては、どうしても教育が重要である。教育の改革として、「雑木林や川遊びなど自然環境の備える、子供たちへの教育効果」の再評価や、「テレビの悪影響の排除」などは特に重要になってくる。子供たちは学校や家庭よりも、テレビや自然環境から学ぶことが相当に多いからである。また、「技術立国」を支えるため、工業高校・高専などの評価の見直しも必要性が高い。だが、ここでは小学校教育の改革について述べたい。

まずもって、小学校では算盤《そろばん》の義務教育化を勧める。戦前から教育の基本は「読み・書き・算盤」といわれてきた。そのうち、現在は算盤だけが授業から抜け落ちているが、アメリカでも「算盤は前頭葉を発達させる」と学校教育に取り入れられている。

明治期に五百以上の近代企業や銀行をつくった大実業家・渋沢栄一は「片手に『論語』、片手にソロバン」をモットーに、日本精神と近代的経営の両立を図った。

特に職人気質の多い日本人の経営近代化に計算能力は欠かせない。それが算盤を習得することによって指先が器用になって前頭葉が発達し、数字に強くなるという効果が期待できるわけだから、「技術立国」の前提としても、算盤を奨励していくことが必要である。

算盤がどれほど脳の発達によいかという証明としては、最近の情報処理技術分野でのインド人の活躍がある。

最先端のＩＴ（情報処理）分野の人々の間では、「中国人は日本人の十倍頭がよく、インド人は中国人の十倍頭がよい」とひそかに語られている。そのインド人が受ける英才教育とは、徹底した「暗算による計算能力」の練磨である。小さい頃から二桁、三桁同士の掛け算などを徹底して暗算で解かせる英才教育ぶりは、その成果が情報処理分野で世界的にあらわれているだけに、感心せざるを得ない。

では、日本でも暗算教育を真似ればよいかというと、その必要性はない。なぜなら、暗算による計算能力の向上は算盤技術の延長にあるからである。算盤を修練し上級者となれば、必然的に二桁、三桁同士の掛け算などを暗算でこなすわけだから、英才教育を行おうと思えば、算盤を小学校教育で取り上げればよいことになる。特に、日本人は前頭葉優位から遠いＢＡタイプであるから、前頭葉の発達をうながすためにも、算盤を使った計算能力の向上に力を入れることが重要である。

また、偉人伝として「上杉鷹山」などを復活させることも重要である。誠実さと努力をもって世のために働き、後世に名を残した人物なら誰でも「偉人伝」の対象となるが、特に上杉鷹山は、ただ米沢藩の財政を再建しただけでなく、「庶民のために率先垂範する指導者としての理想像」を生ききった。

上杉鷹山は、江戸時代中期に上杉家の養子に入り、若干十七歳にして東北の米沢藩主となった。当時の米沢藩は度重なる減封と格式のアンバランスから、財政は破綻寸前であった。鷹山は就任早々大倹約令を発し、衣食住のすべてにわたって一切の無駄を省き、虚礼を廃して大倹約を行った。

それまで五〇人以上いた奥女中を九人に減らし、藩主の年間使用経費をそれまでの一五〇〇両から七分の一の二〇九両にまで切り下げた。さらに、藩の財政建て直しのために様々に産業を起こし、自らの生活費を切りつめ、その余剰を養蚕奨励などの費用に当てた。

自ら荒地を切り開くところを見てまわり、老婆の農作業を手伝い、改革に反対する者には何度も丁寧に説いてまわり、いやがる家臣達には自ら人糞を担いで模範を示した。藩校を創設して学問の振興をはかることもした。

「為せば成る、為さねば成らぬ何事も、成らぬは人の成さぬなりけり」とは上杉鷹山の言葉である。かのジョン・F・ケネディも「尊敬する人物は誰か」と問われて、「上杉鷹山」と答えている。戦前は「修身」の教科書に出ていたが、戦後なくなっているのは大変に残念なことである。

今の大人達は、子供たちに「見習うべき大人、リーダーの理想像」を示せていない。それゆえに子供たちは大人やリーダーとなった時、どう振る舞っていいかわからず、いつまでも幼稚で、重い責任を負いたくないと考える。あるべき指導者像・大人像を示すことが教育の役割で、そのために偉人伝が必要なのである。

この偉人伝による教育は小学校にかぎらず、大学までの全教育課程においてしっかりと時間を割いて行われるべきものである。それによって、色々な偉人の生き方を知り、自分の行動の道しるべとすることができるからである。

上級公務員大学の設立を!

続いては、エリート教育としての大学教育をとり上げたい。

特に上級公務員大学校をつくり、原則としてそこの卒業生を国の上級国家公務員として採用することを推奨したい。

現在の高級官僚は、東大卒を中心に知識偏重・偏差値重視で選ばれており、人間性の判断や指導者としての訓練がない。だから、知識はあるが省利省益ばかりで大局観のない、国を担う気概のない人物ばかりが輩出する。

これは戦後エリート教育の失敗である。この改革のためにも上級公務員大学校をつくり、四年間の全寮制によって公僕としての全人格教育をめざすのである。例として、自衛隊のエリートを育てる防衛大学校があるし、戦前のエリート校である旧制高校は、全寮制の全人格教育であった。

一般に、全寮制教育の良い点は、

①親元から離れ、数多くの同期生たちと切磋琢磨することで自立心が養われる。

②よい生活習慣を身につけるために、就寝時間や起床時間、食事や学習の時間を厳密に定め、生活規律のしっかりした人間形成ができる。

③掃除や洗濯、ゴミ捨て、電球の交換や文具の調達など、身のまわりのことをすべて自分達でやるから、親の苦労を理解でき、思いやりの心が生まれる。

④新入生がすみやかに寮生活に慣れるよう、一年生から四年生までの十名前後が同じ部屋で暮らす方式をとり、年長の学生が部屋長となって、よい生活習慣が継承されるよう模範を示すようにする。年少者も年長者を見習って模範となるような生活を心がけ、自己をより厳しく律する習慣を身につけることができる。

⑤全寮制というシステムを最大限に生かし、教員が学生に、年長者が年少者に積極的に働きかけることで、教員と学生間に強い信頼関係が生まれる。

⑥学生寮の運営の多くを学生同士で行うようにすることで、自主・自律の精神が養成される。

⑦学習以外にもやることは多いので、テレビを見てダラダラ時間を過ごす余裕はない。そのた

めに、自己の純粋な思索能力を高め、効率的な時間管理ができる。
⑧学生の小遣いを制限すれば、お金の使い方を考えるようになり、時間管理と併せて自己管理能力が向上する。
⑨病気にかかった同部屋の学生の看護などを経験することで、お互い助け合い、思いやりの精神が生まれる。

——などがあげられる。

最近のインド人の情報処理技術分野での活躍を支えているのも、工科大学（ＩＩＴ）などでの全寮制教育である。

インドは「頭脳立国」を掲げて、費用のかからない数学・物理・化学に力点を置いた教育で世界的に評価を得つつある。ただし、こちらは学生の勉学を第一に考え、すべて個室の全寮制となっている。

だいたい、子供が親のいうことを聞くのは、中学生ぐらいまでと思わなければならない。高校以上は親元から離れ、数多くの同期生や先輩と学んだ方が切磋琢磨できるし、自立心も養われる。そういう意味では、もっと全寮制の全人格教育を広げてよいと思うが、とりあえず国の高級官僚志望者に限って実施することが急務である。

全寮制の中で、国のトップを担うための歴史や哲学、法律や国際政治、行政の位置づけやリーダーとしての心構え、生活規律などの全人格教育をほどこせば、全員が「同じ釜の飯を食う仲間」となるから、省利省益はなくなる。結果、武士道が他の階級にも広まったように、全公務員や民間人に良い影響を与えることになる。

この制度は、これまで上級公務員や外交官など、一回限りの試験で選んでいたエリート官僚を、高校卒業後の四年間の全寮制教育の中で鍛え、これをマスターしたものだけを採用するシステムである。

ただ偏差値が高いだけでなく、規律正しい生活態度を身につけ、国の行政を担うための幅広い、高度な知識・見識を積み、同時に親を敬い、周囲に思いやりや模範を示すことのできる人材を四年間かけて育てるわけであるから、自己顕示や優越意識、自己保身だけを優先しがちな現代エリート官僚とは相当に違ってくる。また高級官僚がアメリカ留学や中国接待外交の餌食になって、帰国後に「媚中・媚米派」になるということもずっと少なくなるだろう。

もちろん、高級官僚は転身して政治家になることも多いのだから、未来の政治家教育をも兼ねることになる。そうした観点からも進めたい政策であろう。

以上が、環太平洋時代をむかえた日本として、世界で重要な役割を果たすための前提となる具体的政策の一部である。必要なことはまだまだあるが、それをすべて書いていると本書の趣旨から外れかねないので割愛する。

最後に、どのような政策をとろうと、すべては「心技体」というように、「揺るぎない心＝大ワコン」の精神が中心であることを申し述べて本書を終わりにしたい。

参考文献

「右脳革命」T・R・ブレークスリー著（プレジデント社）
「現代思想」八二年三月号
「脳と記憶」塚原仲晃（著青土社）
「右脳と左脳」角田忠信著（小学館）
「脳がここまでわかってきた」大木幸介著（光文社）
「脳小宇宙への旅」信濃毎日新聞社編（紀伊國屋書店）
「臨床医が語る脳とコトバの話」岩田誠著（日本評論社）
「目からウロコの脳科学」富永裕久著（PHP研究所）
「面白いほどよくわかる脳のしくみ」高島明彦監修（日本文芸社）
「血液型人間学」能見正比古著（サンケイ出版）
「血液型おもしろ読本」能見俊賢著（文化創作出版）
「左利きの本」ジェームス・ブリス、ジョセフ・モレラ著（講談社）
「クォンタム・ヘルス」ディーパック・チョプラ著（春秋社）
「アーユルヴェーダ健康法」幡井勉著（ごま書房）
「アーユルヴェーダの知恵」高橋和巳著（講談社）
「中国の古典名著」（自由国民社）
「魂の科学」スワミ・ヨーゲシヴァラナンダ著（たま出版）
「モンゴロイドの道」科学朝日編（朝日新聞社）

「地球白書」ワールドウォッチ研究所（家の光協会）
「ひふみ神示」岡本天命著（コスモ・テンパブリケーション）
「悪夢のサイクル」内橋克人著（文藝春秋）
「超・格差社会アメリカの真実」小林由美著（日経ＢＰ）
「武士道」新渡戸稲造著（三笠書房）
「日本人なら知っておきたい武士道」武光誠著（河出書房新社）
「誰も知らない『本当の宇宙』」佐野雄二著（たま出版）

著者プロフィール

佐野 雄二

1949年、北海道美瑛町生まれ。中央大学法学部卒。経営コンサルタント。本業の傍ら、在野のサイエンティストとして、宇宙論や超古代、人類史について独自に研究を進めてきた。その仮説の斬新さ、統合力、問題の本質に切り込む能力には定評がある。著書に『誰も知らない「本当の宇宙」』(たま出版)

日本人の脳と血液型のヒミツ

2007年5月5日　初版第1刷発行
2008年6月10日　初版第2刷発行

著　者　佐野雄二
発行者　韮澤 潤一郎
発行所　株式会社 たま出版
〒160-0004　東京都新宿区四谷4-28-20
電話 03-5369-3051(代表)
http://tamabook.com
振　替 00130-5-94804
印刷所　東洋経済印刷株式会社

乱丁·落丁本お取り替えいたします。

ISBN978-4-8127-0235-2 C0011